装备电池使用手册

甄红涛　张勇　雷正伟　牛刚　编著

西安电子科技大学出版社

内 容 简 介

　　本手册收集、整理并归纳了装备电池使用管理方面的有关内容。本手册共五章，首先介绍了电池的基础知识，然后简述了铅酸、镉镍、氢镍、锌银、锂及锂离子电池的工作原理与使用方法，详细介绍了各类电池的储存要点、技术检查与报废条件、维护与修理方法，最后阐述了电池的发展趋势。

　　本手册实用性强，可供装备电池使用部门和设计制造单位的工程技术人员使用，也可供高等院校有关师生参考。

图书在版编目(CIP)数据

装备电池使用手册 / 甄红涛等编著. —— 西安：西安电子科技大学出版社，2020.12
ISBN 978-7-5606-5970-1

Ⅰ. ①装… Ⅱ. ①甄… Ⅲ. ①电池—使用方法—技术—手册 Ⅳ. ①TM911

中国版本图书馆 CIP 数据核字(2020)第 255915 号

策划编辑　刘小莉
责任编辑　陈志豪　阎　彬
出版发行　西安电子科技大学出版社(西安市太白南路 2 号)
电　　话　(029)88242885　88201467　　　邮　　编　710071
网　　址　www.xduph.com　　　　　　电子邮箱　xdupfxb001@163.com
经　　销　新华书店
印刷单位　广东虎彩云印刷有限公司
版　　次　2020 年 12 月第 1 版　　2020 年 12 月第 1 次印刷
开　　本　787 毫米×960 毫米　　1/16　　印　张　8.5
字　　数　117 千字
定　　价　35.00 元
ISBN 978-7-5606-5970-1 / TM
XDUP 6272001-1
***** 如有印装问题可调换 *****

前　言

　　装备配套使用的各种类型电池(即装备电池),是保证装备充分发挥战斗性能的必不可少的配套器材。随着信息化武器装备及用电能作为动力武器装备的快速发展,装备电池的地位越来越高。通过前期调研发现,装备电池品种众多,型号繁杂,往往一个单位有很多种使用不同电池的装备,这给电池的统管统用造成了很大不便。为此,我们在参考国内外有关文献的基础上编写了本手册。本手册可为各级装备管理部门对装备电池实行统一管理提供参考,也可用于指导装备电池使用人员对电池的使用、储存、维护与修理。此外,本手册还可作为电池行业技术人员或对电池感兴趣人员的入门教材。

　　由于本手册主要面向装备电池管理和使用人员,因此重点介绍了装备电池的使用、储存和维护保养方法,而对装备电池的工作原理只做简单介绍,不深入探讨技术问题。本手册共五章,内容包括基础知识、装备电池的工作原理及使用、装备电池的储存管理、装备电池的维护与修理、电池的发展等。

　　本手册由甄红涛、张勇、雷正伟、牛刚共同编写。袁祥波、王天参与了本手册的校对工作。在本手册的编写过程中,得到了多位军内外专家的指导,在此表示深深感谢。

　　由于编者水平有限,书中难免存在不妥之处,希望读者在使用过程中多提宝贵意见和建议。

编　者
2020 年 11 月

目　　录

第一章 基 础 知 识

为便于读者了解装备电池的基础知识，本章对装备电池的基本术语、分类、工作原理、性能以及命名原则等进行了概述。

第一节 概　　述

电池是借助于氧化还原反应将所释放出来的化学能直接转化为可以利用的电能的装置。换句话说，电池是通过化学反应和电的相互作用实现化学能和电能相互转化的电化学反应器或能量转换机器。

电池一般包括原电池(也称一次电池)、蓄电池(也称二次电池)、储备电池(也称激活电池)和燃料电池(也称连续电池)等。任何一个电池都包括四个基本组成部分：电极、电解质、隔离物和外壳。

1. 电极

电极(包括正极和负极)是电池的核心部件，一般由活性物质和导电骨架组成。

活性物质是指电池放电时，通过化学反应产生电能的电极材料。活性物质决定了电池的基本特性。活性物质多为固体，也有液体和气体的。目前，广泛使用的正极活性物质大多是金属氧化物，如二氧化铅、二氧化锰、氧化镍等，还有空气中的氧气。负极活性物质多数是一些较活泼的金属，如锌、铅、镉、铁、锂、钠等。

导电骨架能把活性物质和外电路接通并使电流分布均匀，还有支撑活性物质的作用。导电骨架要求机械强度好，化学稳定性好，电阻率低，易于加工。

2. 电解质

电解质在电池内部正、负极间担负传递电荷的作用，要求电导率高、溶液欧姆压降小。对于固体电解质，要求具有离子导电性，而不具有电子导电性。电解质必须具有稳定的化学性质，使储存期间电解质与活性物质界面间的电化学反应速率小，以减小电池的自放电容量损失。不同电池的电解质不同，一般选用导电能力强的酸、碱、盐的水溶液。在新型电池和特种电池中，还采用有机溶剂电解质、熔融盐电解质等。

3. 隔离物

隔离物(又称隔膜或隔板)置于电池两极之间，其作用是防止电池正、负极活性物质直接接触而造成电池内部短路。隔离物应具有良好的化学稳定性和一定的机械强度，对电解质离子运动的阻力小，是电子的良好绝缘体，并能阻挡从电极上脱落的活性物质微粒和枝晶的生长。常用的隔离物有棉纸、浆层纸、微孔塑料、微孔橡胶、水化纤维素、尼龙布、玻璃纤维等。

4. 外壳

外壳是电池的容器。现有电池中，除锌锰干电池是锌电极兼作外壳外，其他各类电池均不用活性物质兼作外壳，而是根据情况选择合适的材料作外壳。外壳要求机械强度高、耐振动、耐冲击、耐腐蚀、耐温差变化等。常用的外壳材料有金属、塑料、硬橡胶等。

第二节　基 本 术 语

1. 能量和比能量

电池在一定条件下对外做功所能输出的电能称为电池的能量，单位为瓦时(W·h)。

单位质量或单位体积的电池所能释放出的能量称为质量比能量或体积比能量，也称能量密度，常用单位为瓦时每千克(W·h/kg)或瓦时每升(W·h/L)。

2. 比功率

比功率是指单位质量或单位体积下电池输出的功率。质量比功率的单位一般为W/kg，体积比功率的单位一般为W/L。比功率数值越大，说明电池的性能越好。

3. 使用寿命

规定条件下，电池的有效寿命期限称为电池的使用寿命。使用寿命包括使用期限和使用周期。使用期限是指电池可供使用的时间。使用周期是指电池可供重复使用的次数。对原电池(一次电池)而言，使用寿命是指能满足用电设备使用要求的连续放电时间。对蓄电池而言，使用寿命是指在一定的充放电制度下，电池容量降至某一规定值之前，电池所能达到的循环次数。

4. 储存寿命

电池的储存寿命是指在标准规定或人为规定条件下，电池荷电储存的时间。一般来说，电池储存结束后，电池仍具有要求的容量值，否则视为未达到储存寿命要求或储存寿命短。电池内部发生的物理、化学或电化学变化均是影响储存寿命的主要因素。

原电池(一次电池)在常温下储存会自放电，储存的时间越长，自放电越严重，其残余容量降到额定容量的80%(或90%)时的储存时间称为原电池的储存寿命。蓄电池的储存寿命包括两层意思：一是指蓄电池经过若干年的储存后，初期容量(即最后一次放电实际放出的容量值)是否达到额定容量(或允许的容量值)；二是指初期容量达到额定容量(或允许的容量值)后，在规定的充放电制度下，其使用寿命可达到多少周期。一周期是指在要求的充放电制度下进行充、放电各一次。

5. 储存保证期

储存保证期是指在电池妥善保管和运输条件下，厂方规定的有效存储期限。到保质期末，电池应满足其技术条件规定的期末性能。

6. 电池容量

电池容量是指在一定的放电条件下可从电池获得的电量，常以符号"C"表示，单位为安培时($A \cdot h$)。电池容量可分为理论容量、实际容量和额定容量。

理论容量是指假设活性物质全部参加电池的成流反应时所给出的电量。实际容量是指在一定放电条件下电池实际输出的电量。电池的实际容量除受理论容量的制约外，还与电池放电条件有很大关系。额定容量是指设计和制造电池时，规定电池在一定放电条件下应该放出的最低容量，它是一种规定条件下的保证容量或法定容量。

7. 初期容量

对于新品或经若干年储存后的蓄电池，在正式启用前，应按电池研制方规定的充放电制度要求进行 2 或 3 次充放电，最后一次放电实际放出的容量值称为蓄电池的初期容量。如果蓄电池的初期容量达到了额定容量(或允许的容量值)，则视为初期容量合格，可正式启用，否则为不合格品，应进行技术处理或报废。

8. 全充放制运行(循环制运行)

蓄电池按要求给用电设备供电时，达到规定的放电深度后，要立即充电，待充足电后按规定要求搁置稳定，再继续为用电设备供电，这种运行方式称为蓄电池的全充放制运行，也称循环制运行。全充放制运行多用于移动型、小容量便携式蓄电池。

9. 全浮充制运行(连续浮充制运行)

长期将蓄电池并接在供电电路中，使蓄电池处于微小电流的浮充电状态，以此来补充其无功自耗放电和负载短时间突然增加供电要求引起的少量放电的需求,这种运行方式称为蓄电池的全浮充制运行,也称连续浮充制运行。

10. 在用蓄电池

在用蓄电池是指投入全充放制或全浮充制运行状态下的蓄电池。

11. 电池放电

电池的正、负电极通过导体和用电设备的连接构成外电路,当外电路接通时,电流沿着外电路从蓄电池的正极流向负极,在其内部,电流从负极流向正极,电池向外电路输送电流,这一过程称为电池放电。

12. 放电率

蓄电池的放电速度称为放电率,用放电时间的长短或放电电流的大小来表示。放电率可分为放电倍率和放电时率。

放电倍率是指在规定的时间内放完全部额定容量所需的电流值,单位为倍率,用 C 表示。例如,额定容量为 $10 A \cdot h$ 的电池,如果以 1 倍率(或称 1C)放电,则用 1 h 放完额定容量所需的电流为 10 A;如果用 2 h 放完电,则称以 0.5C 放电,放电电流为 $10 A \cdot h/2 h = 5 A$。

放电时率是指以一定放电电流放完额定容量所需的小时数。例如,额定容量为 $10 A \cdot h$ 的电池,以 2 A 电流放电,则放电需要 5 h,称电池以 5 h 率放电。

13. 电池内阻

电池内阻是指电流通过蓄电池时所受到的阻力,它是欧姆内阻和极化内阻的总和。由于电池内阻的存在,电池的工作电压小于电池的开路电压。

14. 开路电压

电池在开路状态下的端电压称为开路电压。电池的开路电压等于组成电池正极的混合电动势与电池负极的混合电动势之差,即

$$U=E_+ - E_-\qquad\qquad\text{(1-1)}$$

式中：U 为开路电压；E_+ 为电池正极的混合电动势；E_- 为电池负极的混合电动势。

开路电压的大小取决于正、负电极板材料的本征特性，与蓄电池的尺寸和几何结构无关。

15. 电池充电

在蓄电池内部，正、负极间通过电解液连通，构成电池的内电路。蓄电池放电以后，如有外来直流电源反向通过电池内电路，使两个电极已耗尽的活性物质再生，则这个过程称为电池充电。

在对蓄电池充电之前，一定要核对极性，将直流电源的正极接蓄电池的正极，直流电源的负极接蓄电池的负极。

16. 均衡充电

均衡充电是一种过充电。对于一组全浮充制运行的蓄电池而言，虽然蓄电池全组都在同样的条件下运行，但是由于电池的性能不可能完全一致及其他原因，有可能造成全组电池的不均衡。针对这种情况，应该采用均衡充电的方法来消除电池之间的差别，以达到全组电池均衡的目的。

17. 终止电压

终止电压是指电池在放电时，电压下降到不宜再继续放电时的最低工作电压。终止电压不是确定的，它和电池的放电电流大小(放电倍率)有关。在低温或大电流放电时，终止电压略低。因为低温或大电流放电时电极极化大，活性物质无法被充分利用，电池电压下降较快。小电流放电时，终止电压略高。因为小电流放电时电极极化较小，活性物质可被充分利用。

18. 自放电

电池的自放电是指电池在储存期间容量降低的现象。

19. 记忆效应

记忆效应是指电池长时间经受特定的工作循环后，自动保持这一特定的电性能的倾向。一般来说，镉镍烧结式蓄电池会产生记忆效应。经过数次恢复性的全充放循环后，电池性能得到恢复，记忆效应随之消除。

第三节　电池的分类与工作原理

一、电池的分类

一般说来，电池种类繁多，其分类方法也有多种，如按使用的电解液类型分类，按正、负极电极材料分类，按工作性质和储存方式分类等。不过各种分类方法都有一定的局限性，均不能充分反映电池全貌。

目前常用的电池分类方法是按工作性质和储存方式分类。按此分类方法可将电池分为以下四类。

(一) 原电池

原电池(也称一次电池)是指放电后不能用充电方法使之恢复到放电前状态的一类电池。导致原电池不能再充电的原因是电池反应本身不可逆或是条件限制使其可逆反应很难进行。也就是说，原电池只能用一次。常见的原电池有：

① 锌锰干电池(普通干电池)；
② 碱性锌锰电池；
③ 锌银电池；
④ 锌汞电池；
⑤ 镉汞电池；

⑥ 碱性锌空气电池;

⑦ 铝空气电池;

⑧ 锂碘电池;

⑨ 锂二氧化锰电池;

⑩ 锂聚氟化碳电池。

(二) 蓄电池

蓄电池(也称二次电池或可充电电池)放电后可用充电方法使活性物质恢复到放电前的状态,从而能够再次放电,充放电过程能够反复进行。具有代表性的蓄电池有:

① 铅酸蓄电池;

② 镉镍蓄电池;

③ 高压氢镍蓄电池;

④ 金属氢化物镍电池;

⑤ 钠硫电池;

⑥ 锂离子电池。

(三) 储备电池

储备电池(又称激活电池)在储存期间,电解质和电极活性物质分离或电解质处于惰性状态,使用前注入电解质或通过其他方式使电池激活,电池立即开始工作。这类电池的正、负极活性物质储存期间不会发生自放电现象,因而适合长期储存。这类电池主要用于在相当短的时间内需要提供高功率电源的场合,如火箭、导弹、电动鱼雷以及其他装备系统等。常见的储备电池有:

① 锌银电池;

② 热电池;

③ 镁氯化铜电池。

(四) 燃料电池

燃料电池(也称连续电池)中的电极材料是惰性的，它是活性物质进行电化学反应的场所，而正、负极活性物质分别储存于电池体外，当活性物质连续不断地注入电池时，电池能不断输出电能。常见的燃料电池有：

① 质子交换膜燃料电池；

② 碱性燃料电池；

③ 磷酸燃料电池；

④ 固体氧化物燃料电池；

⑤ 熔融碳酸盐燃料电池。

上述分类方法并不意味着一个电池体系只能属于其中一类电池，恰恰相反，电池体系可以根据需要设计成不同类型，如锌银电池可以设计成一次电池，也可以设计成二次电池，还可以设计成储备电池。

二、电池的工作原理

图 1-1 所示为电池电化学反应原理图。电化学反应时，负极向外电路释放电子，自身被氧化；正极从外电路接收电子，自身被还原。电解质是一种离子导体，离子在电池内的正、负极之间移动，实现离子的转移。在上述电化学过程中，电池向负载提供电流，即输出了能量。

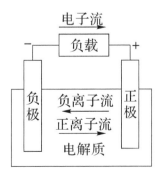

图 1-1　电池电化学反应原理图

　　原电池一般是筒形单体锌锰干电池。锌筒是电池的负极，也是电池的容器。正极的炭包(由锰粉、石墨粉、乙炔炭黑、氯化铵和电解液组成)放在锌筒中央。炭包与锌筒之间充满电糊。电糊是正、负极间的隔离物，由氯化铵、氯化钡的水溶液通过稠化剂淀粉形成糊状。在电池的放电过程中，正极上的二氧化锰得到电子而被还原，负极上的锌放出电子而被氧化，炭包里电解液的氧化锌成分增加，pH 值逐步增高，从而引起干电池正极电位和电动势下降，最终导致干电池完全失效。

　　由于汞有毒性，废弃电池对环境污染严重，因此国家九部委联合下发通知规定：自 2001 年 1 月 1 日起，禁止在国内生产各类汞含量大于电池重量 0.025% 的电池；自 2005 年 1 月 1 日起，禁止在国内生产汞含量大于电池重量 0.0001% 的碱性锌锰电池。现在库存的一次电池基本上是无汞的锌锰电池和碱性锌锰电池。

　　不同的蓄电池，其正、负电极的制作材料不相同，使用的电解液也不一样，但是都遵循基本的工作原理。蓄电池在放电过程中会逐渐消耗两个电极上的活性物质，使负极上的活性物质放出电子而被氧化，正极上的活性物质吸收从外电路流回的电子而被还原。负极电位逐渐升高，正极电位逐渐降低，两个电极之间的电位差逐渐缩小，再加上成流反应中的生成物增加了蓄电池内阻，致使蓄电池输出的电流逐渐减弱。如果有外接直流电源给蓄电池充电，那么成流反应中的生成物被还原，两个电极上的活性物质得以再生，蓄电池恢复放电能力。这种充放电过程不断进行，直至蓄电池放电不再满足所规定的容量值而报废。

第四节　各类电池的性能比较

一、原电池

(一) 圆柱形锌锰电池

圆柱形锌锰电池因隔离物的不同可分为糊式电池和纸板电池。糊式电池即普通型锌锰电池。纸板电池可分为 C 型(铵型)纸板电池(又称高容量电池)和 P 型(锌型)纸板电池(又称高功率电池)。

糊式电池的正极材料采用活性较低的天然二氧化锰,隔离物是由淀粉和面粉组成的浆糊纸,电解液是以氯化铵为主的氯化铵、氯化锌水溶液,负极是锌筒。其放电性能一般较差,容量较低,电池使用末期易漏液,但价格便宜,多用于小电流和间歇放电场合。

C 型纸板电池是在糊式电池的基础上用浆层纸代替了浆糊纸,正极填充量提高约 30%,且用 30%~70%的高活性锰代替了天然锰,所以容量得以提高,使用范围得以扩大,其多用于小电流放电场合。

P 型纸板电池采用以氯化锌为主的电解液,正极材料全部采用高活性锰粉,如电解锰、活性锰等,其防漏性能远高于糊式电池和 C 型纸板电池,多用于大电流连续放电场合。

(二) 圆柱形碱性锌锰电池

圆柱形碱性锌锰电池(又称碱锰电池)是锌锰电池系列中性能最优的品种。其外壳一般由镀镍钢带经冷轧冲压制成,同时兼作正极集流体。电解二氧化锰正极材料压成圆环紧贴在柱体内壁,以保证接触良好。负极采用粉状锌粒并制成膏剂,处于电池的中间,其间插入负极集流体(负极一般为铜钉),集流体与负极底部相连。在电池内部,正、负极间用隔膜隔开。电池外部用尼龙或聚丙烯密封圈隔开,同时实现电池的密封。

虽然圆柱形碱性锌锰电池的标称电压与普通电池的相同,均为 1.5 V,但由于碱性电池在结构上采用与普通电池相反的电极结构,增大了正、负极间的相对面积,而且用高导电性的氢氧化钾溶液替代了氯化铵、氯化锌溶液,负极上的锌也由片状变成粒状,增大了负极的反应面积,加之采用了高活性的电解锰,所以电池性能大大提升。一般情况下,同等型号的碱锰电池的容量和放电时间是普通锌锰电池的 3~7 倍,两者的低温性能差距更大,碱锰电池更适用于大电流连续放电和高工作电压的用电场合。

原电池在荷电状态下储存，具有使用方便，性能优良，储存期长，需要时可立即投入使用，能在移动状态下工作等优点。优质的碱性锌锰电池的储存期可在 5 年以上，这是其他原电池难以达到的。由于制造锌锰干电池的材料易得，且价格低廉，再加上制造技术不断改进，因此电池性能不断提升，例如用耐低温电解液的电池视其工作负荷可在 $-20℃$ 或 $-40℃$ 下工作。

（三）锂一次电池

锂电池是以锂为负极的电池系列的总称。和其他一次电池相比，锂一次电池具有以下优点：

(1) 单体电池电压高。锂的标准电极电位为 $-3.05\,V$。以锂为负极的电池，其电池电压随正极活性物质的不同而不同。锂电池电压可高达 $3.9\,V$。较高电压的锂电池，可比常规电池组中的单体电池数减少约 $1/2\sim1/3$。

(2) 比能量高。锂是金属元素中原子量最小的金属。用锂作负极制成的电池，相应的比能量也高，一般比能量超过 $200\,W\cdot h/kg$ 和 $400\,W\cdot h/L$。锂电池的能量输出比锌负极电池高 $2\sim4$ 倍或更多。

(3) 工作温度范围宽。锂电池能在 $-40℃\sim70℃$ 甚至更宽的温度范围内工作。

(4) 比功率大。锂电池能够以高倍率放电或高功率释放能量。

(5) 放电电压平稳。锂电池在大部分的放电过程中有恒定的阻抗和电压，其放电曲线平稳。

(6) 储存寿命长。锂电池通常选用对锂惰性的有机电解质，锂表面通常形成一层保护膜使之不再溶解。所有电池材料都经无水处理，因此锂不会与水作用而消耗。选用的正极活性物质都是不溶或微溶于电解质的，基本上可防止自放电现象发生。因此，锂电池即使在高温下也能储存。一般地，锂电池在室温下可储存 5 年以上，在 $70℃$ 下可储存 1 年左右。

二、蓄电池

(一) 镉镍蓄电池

镉镍蓄电池具有以下优点:

(1) 可以不同的倍率进行放电,放电特性比较平缓。

(2) 由于自放电引起的能量损失小,使用效率高。

(3) 低温性能好。在较低温度下镉镍蓄电池仍能放出一定的容量。

(4) 耐过充能力强。镉镍蓄电池不会因为过充电而引起负极金属枝晶的产生和生长,也不会引起隔膜的破坏,因此,其不会因为过充电而产生内部短路。

(5) 使用寿命长。镉镍蓄电池在各种蓄电池中是使用寿命最长的电池系列。

(6) 机械强度高。镉镍蓄电池不会因为较大的冲击振动而损坏。

镉镍蓄电池分为全密封镉镍蓄电池和开口镉镍蓄电池,额定电压均为 1.2 V。全密封镉镍蓄电池不漏液,可在任意位置上安装使用,其额定容量分为 0.06~12 A·h 几十个挡,可根据需要将电池做成圆形或扁形。开口镉镍单体蓄电池的额定容量为 5~900 A·h,多以电池组合的方式使用。

(二) 氢镍蓄电池

氢镍蓄电池分为高压氢镍蓄电池和低压氢镍蓄电池两类。

高压氢镍蓄电池目前多用于空间技术。低压氢镍蓄电池即金属氢化物镍(MH-Ni)蓄电池,简称氢镍电池。目前,装备上主要用到的是小容量氢镍电池。与镉镍蓄电池相比,氢镍蓄电池具有以下优点:

(1) 比能量较高,是镉镍蓄电池的 1.5~2 倍。

(2) 无环境污染,不含重金属镉及其化合物,是一种环保电池。

(3) 储氢材料来源广泛,性价比高。

(4) 电压、电流特性与镉镍蓄电池接近,具有良好的互换性。

(5) 无记忆效应。

（三）锌氧化银电池

锌氧化银电池(也称锌银电池)既可设计成原电池和储备电池，也可设计成蓄电池(二次电池)。锌银电池具有以下优点：

(1) 质量比能量和体积比能量较高。锌银电池的质量比能量可达 $100\sim300\,W\cdot h/kg$，体积比能量可达 $180\sim220\,W\cdot h/L$，为铅酸蓄电池的 $2\sim4$ 倍。

(2) 比功率和放电率高。

(3) 放电电压非常平稳。

(4) 自放电慢，机械强度良好。

锌银电池的缺点是使用昂贵的银作为电极材料导致其成本较高，作为二次电池其充放电次数少、寿命短，另外其高低温性能也不理想。

（四）铅酸蓄电池

铅酸蓄电池比碱性蓄电池笨重，机械强度差，自放电快。开口铅酸蓄电池充电时有酸雾产生。但是，铅酸蓄电池和其他电池相比，有工作电压高、可大电流脉冲放电、安全可靠、原料易得、价格低廉以及废旧电池易于回收利用等优点。传统铅酸蓄电池(开口铅酸蓄电池)存在以下缺点：

(1) 过充电时析出大量气体，造成水分损失，因此需要定期加水维护。

(2) 由于不能密封，电解质(硫酸溶液)或气体逸出时会引起腐蚀和污染环境。

(3) 比能量低。实际质量比能量只有 $30\sim40\,W\cdot h/kg$。

(4) 使用寿命没有镉镍蓄电池和锂离子电池的长。

近 30 年来，由于铅酸蓄电池在免维护、密封化方面取得了重大进展，其性能得到极大改善，因此在很多装备上均有应用。

（五）锂离子电池

锂离子电池按照电解质的状态一般分为液态锂离子电池(即通常所说的锂离子

电池)、聚合物锂离子电池和全固态锂离子电池。锂离子电池性能优越。表 1-1 是镉镍蓄电池、氢镍蓄电池、锂离子电池性能对比。

表 1-1　镉镍蓄电池、氢镍蓄电池、锂离子电池性能对比

技术参数	镉镍蓄电池	氢镍蓄电池	锂离子电池
额定电压/V	1.2	1.2	3.6
质量比能量/(W·h/kg)	50	65	100～140
体积比能量/(W·h/L)	150	200	270
充放电寿命/次	300～600	300～700	500～1000
自放电率/(%/月)	25～30	30～35	6～9
记忆效应	有	无	无
污染	有	无	无
电池容量	低	中	高
高温性能	一般	差	优
低温性能	优	优	较差

注：充电倍率均为 $1C$。

相比于传统的镉镍蓄电池和氢镍蓄电池，锂离子电池有以下特点：

(1) 工作电压高。

(2) 比能量高。

(3) 充放电寿命长。

(4) 自放电率低。

(5) 无记忆效应。

(6) 无污染。

(7) 可快速充放电，充电效率高。

(8) 残留容量的测试比较方便，无须维修。

聚合物锂离子电池除具有上述锂离子电池的优点外，还具有以下特点：

(1) 无电池漏液问题。电池内部不含液态电解质，使用胶态电解质。

(2) 可制成薄型电池。例如，电压为 3.6 V、容量为 400 mA·h 的聚合物锂离子电池，其厚度可薄至 0.5 mm。

(3) 电池可设计成多种形状。

(4) 电池可弯曲变形。聚合物锂离子电池最大可弯曲 90° 左右。

(5) 在单颗电池内可得到高电压。液态电解质的电池仅能以数颗电池串联得到高电压，聚合物锂离子电池由于本身无液体，可在单颗电池内通过多层组合得到高电压。

(6) 容量比同样大小的锂离子电池高。

除上述优点外，锂离子电池也有以下不足：

(1) 内部阻抗高。

(2) 工作电压变化较大。电池放电到额定容量的 80% 时，镉镍蓄电池的电压变化很小(约 20%)，锂离子电池的电压变化较大(约 40%)。

(3) 与普通电池的相容性差。锂离子电池的工作电压高，一般一节锂离子电池可代替三节普通电池。

(4) 必须有特殊的保护电路。

(5) 成本高。

锂离子电池不仅节约了空间，又解决了电池串联组合时各电池容量必须相互匹配的问题，从而增加了能量密度，提高了使用可靠性，而且锂离子电池无记忆效应，无环境污染。作为一种新型蓄电池，随着循环性能、低温性能、储存寿命及安全性的不断改进，锂离子电池必将在装备上得到广泛应用。

三、碱性蓄电池与酸性蓄电池性能比较

碱性蓄电池与酸性蓄电池性能比较如下：

(1) 酸性蓄电池有较高的放电电压。用 8h 率放电时，酸性蓄电池的电压为 1.8～2V，碱性蓄电池的电压为 1～1.2V。充电时，酸性蓄电池的单体平均终止电压为 2.4V，而碱性蓄电池的单体平均终止电压为 1.6～1.7V，因此组成相同工作电压的电池组时，碱性蓄电池需要的单体多。如运载车起动用的 6V 铅酸蓄电池，每个单体蓄电池的额定电压为 2V，需要 3 个单体蓄电池串联即可满足要求，而碱性镉镍单体蓄电池的额定电压为 1.2V，需要 5 个单体蓄电池串联才能满足要求。

(2) 室温条件下，用标准充放电制连续进行循环，酸性蓄电池的电流和电能输出高于碱性蓄电池，但酸性蓄电池比碱性蓄电池的输出能量下降快。

(3) 低温条件下，酸性蓄电池放出额定容量的百分比低于碱性蓄电池放出额定容量的百分比。如在 −20℃ 环境下，用 20h 率放电时，碱性蓄电池可放出的容量大于额定容量的 85%，而铅酸蓄电池仅可放出额定容量的 60%。在较高倍率放电要求下，碱性蓄电池的输出能量高于酸性蓄电池的输出能量。

(4) 酸性蓄电池的自放电率高于碱性蓄电池的自放电率。酸性蓄电池在室温条件下一昼夜放电损失为 0.8%，2～3 个月后就会损耗掉全部容量。如已充足电的铅酸蓄电池，放置 2 个月后进行放电，放出的容量不大于额定容量的 30%～40%，而碱性蓄电池在同样条件下能放出额定容量的 80%～85%。

(5) 碱性蓄电池机械强度高，不怕颠簸、振动、冲击等，还能承受大电流短时间放电，甚至在偶然短路下也不会损坏，酸性蓄电池就不具备这些优点。

为了更详细地描述蓄电池的特点，表 1-2 和表 1-3 对主要蓄电池的性能进行了对比。

表 1-2　主要蓄电池的性能对比(一)

常用名称		铅酸蓄电池				镉镍蓄电池		
		点火式	牵引式	固定式	便携式	开口袋式	开口烧结式	密封式
化学组成	负极	Pb	Pb	Pb	Pb	Cd	Cd	Cd
	正极	PbO$_2$	PbO$_2$	PbO$_2$	PbO$_2$	NiOOH	NiOOH	NiOOH
	电解质	H$_2$SO$_4$(水溶液)	H$_2$SO$_4$(水溶液)	H$_2$SO$_4$(水溶液)	H$_2$SO$_4$(水溶液)	KOH(水溶液)	KOH(水溶液)	KOH(水溶液)
单体电池电压(典型)/V	标称	2	2	2	2	1.2	1.2	1.2
	开路	2.1	2.1	2.1	2.1	1.29	1.29	1.29
	工作	2~1.8	2~1.8	2~1.8	2~1.8	1.25~1	1.25~1	1.25~1
	终止	1.75(用作起动电源时更低)	1.75	1.75(浮充电时除外)	1.75(循环时)	1	1	1
工作温度/℃		-40~55	-20~40	-10~40	-40~60	-20~45	-40~50	-40~45
比能量(20℃)	质量比能量/(W·h/Kg)	35	25	10~40	30	20	30~37	35
	体积比能量/(W·h/L)	70	80	50~70	90	40	58~96	100
放电曲线(相对)		平坦	平坦	平坦	平坦	平坦	非常平坦	非常平坦
比功率		高	较高	较高	高	高	高	中等至高
工作寿命/年		3~6	6	18~25	2~8	8~25	3~10	2~5

续表一

常用名称	铅酸蓄电池				镉镍蓄电池		
	点火式	牵引式	固定式	便携式	开口袋式	开口烧结式	密封式
循环寿命/次	200～700	1500	一	250～500	500～2000	500～2000	300～700
优点	成本低，易于生产，高倍率，高温和低温性能优良（起动性能优良，浮充电性能优良，免维护设计，新型）	相比之下成本最低（其他同SLI（点火式））	为浮充电设计（其他同SLI）	免维护，浮充电应用时寿命长，高温性能好，低温性能好，无记忆效应，可以任意姿态工作	结构非常坚固，荷电保持和储存能好，循环寿命长，在碱性电池中成本最低	结构坚固，储存性能好，比能量高，高倍率，低温性能优良	密封，免维护，高倍率，低温性能优良，循环寿命长，可以任意姿态工作
缺点	循环寿命较短，体积比能量有限，荷电保持和储存能差，析氢	体积比能量低，相比之下坚固性较差	析氢	不能在放电状态下储存，循环寿命低于密封镉镍蓄电池，体积非常小时难以生产	体积比能量低	成本高，有记忆效应和热失控	高温和浮充电性能不如铅酸蓄电池，有记忆效应
电池容量	方形电池：30～200A·h（20h率）	取决于正极板片数，单个正极板的容量为45～200A·h	取决于正极板片数，单个正极板的容量为45～200A·h	密封圆柱形电池：2.5～25A·h；方形电池：约1440A·h	方形电池：5～1300A·h	方形电池：1.5～100A·h	扣形电池：约0.5A·h；圆柱形电池：约10A·h

续表一

		铅酸蓄电池					镉镍蓄电池	
常用名称		点火式	牵引式	固定式	便携式	开口袋式	开口烧结式	密封式
化学组成	负极	Fe	Zn	Zn	Cd	H_2	MH	C
	正极	NiOOH	NiOOH	AgO	AgO	NiOOH	NiOOH	$LiCoO_2$
单体电池电压(典型)/V	标称	1.2	1.65	1.5	1.1	1.4	1.2	4
	开路	1.37	1.73	1.86	1.41	1.32	1.4	4.1
	工作	1.25~1.05	1.6~1.4	1.7~1.3	1.4~1	1.3~1.15	1.25~1.1	4.3~3
	终止	1	1.2	1	0.7	1	1	3
工作温度/℃		-10~45	-10~50	-20~60	-25~70	0~50	-20~50	-20~50
比能量(20℃)	质量比能量/(W·h/kg)	30	50~60	105	70	64	75	150
	体积比能量/(W·h/L)	55	80~120	180	120	105	240	400
比功率		中等至低	高	非常高(高倍率设计)	中等至高	中等	中等至高	中等；方形设计高
自放电率(20℃)、损失率(%/月)		20~40	<20	5	5	低温以外非常高	15~25	2
工作寿命/年		8~25	—	2	3(开口) 4(密封)	—	2~5	5~20
循环寿命/次		2000~4000	500	50~100	300~800	1500~6000, 40000(40%深放电)	300~600	>1000

续表三

常用名称	铅酸蓄电池					镉镍蓄电池	
	点火式	牵引式	固定式	便携式	开口袋式	开口烧结式	密封式
优点	结构非常坚固，循环寿命和储存寿命长	体积比能量高，成本较低，低温性能优良	体积比能量高，放电率高，自放电率低	体积比能量高，自放电率低，循环寿命长	体积比能量高，低放电深度下循环寿命长，能承受过充电	体积比能量高，密封，循环寿命长	质量比能量和体积比能量高，自放电率低，循环寿命长
缺点	自放电率高，充电效率低，比能量低	质量比能量较低，自放电率较高	工作寿命短，循环寿命低	成本高	耐高温性能差	自放电率较高	成本高
电池容量	100~1000 A·h	电动自行车、电动摩托车和电动机用电池：2~100 A·h	方形电池：小于1~1000 A·h；特殊类型电池：约5000 A·h	方形电池：小于100A·h	空间应用：高达100 A·h	扣形电池：0.03~0.3A·h；圆柱形电池：0.15~20A·h；小方形电池：约4.1A·h；大方形电池：约100 A·h	圆柱形和方形电池：约100 A·h

注：自放电率通常随着储存时间的延长而下降。

表 1-3　主要蓄电池的性能对比(二)

常用名称		体积比能量	比功率	放电曲线平坦性	低温性能	荷电保持	充电接受能力	效率	寿命	力学性质	成本
铅酸蓄电池	涂膏式	4	4	3	3	4	3	2	2	5	1
	管式	4	5	4	3	3	3	2	2	3	2
	普朗克式	5	5	4	3	3	3	2	2	4	2
	密封式	4	3	3	2	3	3	2	3	5	2
锂/金属电池		1	3	3	2	1	3	3	4	3	4
锂离子电池		1	2	3	2	2	1	1	1	3	2
镉镍蓄电池	袋式	5	3	2	1	2	1	4	2	1	3
	烧结式	4	1	1	1	4	1	3	2	2	3
	密封式	4	1	2	1	4	2	3	3	2	2
铁镍电池		5	5	4	5	5	2	5	1	1	3
金属氢物镍电池		3	3	2	2	4	2	3	3	3	3
锌镍电池		2	3	2	3	4	3	3	4	3	3
锌银电池		1	1	4	3	1	3	2	5	2	4
镉银电池		2	3	5	4	5	5	1	4	3	4
氢镍电池		2	3	3	4	5	3	5	2	3	5
氢银电池		2	3	4	4	5	3	5	2	3	5
锌二氧化锰电池		2	4	5	3	1	4	4	5	4	2

注: 等级 1～5 对应最好至最差。

四、选用电池的基本原则

选用电池时，一定要根据装备的使用要求，首先明确哪些条件必须满足，哪些条件可以放宽，然后进行全面的比较、权衡。选用电池的基本原则如下：

(1) 可靠性好，体积小，重量轻，比能量高。

(2) 储存寿命长，使用寿命长。

(3) 工作电压平稳，有足够的容量，输出电流大，在高电压条件下容量也大。

(4) 能在特定的环境下工作，如低温、高温、高空、烟雾等，并能经受一定的冲击、振动。

(5) 使用、维护方便，便于更换。

(6) 使用成本低。在较集中使用电池、具备充电的条件下，应选用蓄电池。

(7) 在选用以贵金属或稀有原材料制造的电池时，应考虑国家的资源情况和特殊要求，除非必要，一般不要选择这类电池。

(8) 选用蓄电池时，要考虑电池的使用方式(浮充电或者循环使用)、充电电源的实用性和特点、充电效率等。

(9) 如果无法从现有系列中选到合适的电池，可以根据装备的战术技术指标要求提出试制新系列电池，但是一定要慎重，因为新系列电池的研制一般历时较长。

第五节　电池型号命名原则

为便于使用人员正确区分不同类型的电池，正确使用和维护电池，现将各类电池型号命名原则概述如下。

一、锌锰干电池型号命名原则

锌锰干电池的型号用汉语拼音字母和阿拉伯数字表示，其批次和生产厂家一般用汉语拼音标注在电池的外壳或外包装箱上。锌锰干电池是单体电池，其型号组成是"单体电池的尺寸号码+电池式样"。圆筒形电池用"R"表示，方筒形电池用"F"表示，迭层式电池用"D"表示。

方筒形和迭层式单体电池的尺寸号码均用英文字母表示，英文字母排列顺序越靠前，代表电池尺寸越大。例如：PF 电池是尺寸号码为 P 的方筒形单体电池；QD电池是尺寸号码为 Q 的迭层式单体电池。

对于圆筒形电池，前面没有任何字母时表示普通电池，前面标有 L 时表示碱性锌锰电池；R 后的两位数字表示电池的大小型号；最后一个字母表示电池的性能，S 为普通型，P 为高功率型，C 为高容量型。

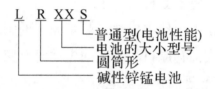

对于同种类型的电池，字母后面的数字越大，其外形尺寸越大。现以光学仪器使用的锌锰干电池为例，说明如下：

(1) R20 电池通常称为 1 号电池，直径为 $\Phi32.0\sim\Phi32.3$；

(2) R14 电池通常称为 2 号电池，直径为 $\Phi24.7\sim\Phi26.2$；

(3) R6 电池通常称为 5 号电池，直径为 $\Phi13.5\sim\Phi14.5$。

军用锌锰电池可分为两类，Ⅰ类锌锰干电池的使用温度范围为 –15℃～50℃，Ⅱ类锌锰干电池的使用温度范围为 –40℃～50℃，命名原则如下：

其中：DC 为识别标志，表示一次电池；0120 为电池序号，对应电池类别，见表 1-4。表 1-5 为锌锰电池型号国内外对照表。

表 1-4 干电池的电池序号与对应类别

电池序号	电池类别
0001～0999	Ⅰ类锌锰干电池
1000～1999	Ⅱ类锌锰干电池

表 1-5 锌锰电池型号国内外对照

种类	IEC	美国型号	日本型号	直径/mm	高度/mm	中国传统叫法	中国标准名称
普通锌锰电池	R03	AAA	UM－4	10.5	44.5	7号电池	—
	R6	AA	UM－3	14.5	50.5	5号电池	—
	R14	C	UM－2	26.2	50	2号电池	—
	R20	D	UM－1	32.3	61.5	1号电池	—
碱性锌锰电池	LR03	AAA	AM－4	10.5	44.5	7号碱性电池	—
	LR6	AA	AM－3	14.5	50.5	5号碱性电池	DC3006
	LR14	C	AM－2	26.2	50	2号碱性电池	DC3014
	LR20	D	AM－1	34.2	61.5	1号碱性电池	DC3020

二、铅酸蓄电池型号命名原则

铅酸蓄电池型号采用汉语拼音大写字母及阿拉伯数字表示，其排列顺序如下：

串联的单体蓄电池数－蓄电池的类型代号和特征代号－额定容量

其中：串联的单体蓄电池数指在一只整体蓄电池槽内或一个组装箱内所包含的串联蓄电池数；蓄电池的类型代号如表1-6所示；蓄电池的特征代号为附加部分，以区别具有不同特征的同类型蓄电池，具体代号见表1-7；额定容量以阿拉伯数字表示，单位(A·h)省略。额定容量后，有时还可能有其他标志代号。

表 1-6　铅酸蓄电池的类型代号

序号	代号	蓄电池类型	汉字	拼音
1	Q	起动用	起	Qi
2	G	固定用	固	Gu
3	D	(电力)牵引用	电	Dian
4	N	内燃机车用	内	Nei
5	T	铁路客车用	铁	Tie
6	M	摩托车用	摩	Mo
7	B	航标用	标	Biao
8	C	船舶用	船	Chuan
9	F	阀控型	阀	Fa
10	U	储能用	储	Chu

表 1-7　铅酸蓄电池的特征代号

序号	代号	蓄电池特征	汉字	拼音
1	M	密封式	密	Mi
2	W	免维护	维	Wei
3	A	干式荷电	干	Gan
4	H	湿式荷电	湿	Shi
5	F	防酸式	防	Fang
6	Y	带液式	液	Ye

例如：6 - QA - 120 表示铅酸蓄电池有 6 个单体电池，起动用，装有干式荷电极板，10 h 率容量为 120 A·h。

三、碱性蓄电池型号命名原则

碱性蓄电池型号采用汉语拼音字母与阿拉伯数字相结合的方法表示。

(一) 单体电池型号命名原则

单体电池的型号以系列代号和额定容量的数字相结合的方法表示,可附加电池的形状代号和放电倍率代号。其排列顺序为:系列代号,形状代号,放电倍率代号,额定容量。

(1) 系列代号用正、负极主要材料汉语拼音的第一个大写字母来表示。系列代号的书写顺序为先负极再正极,即负极材料代号在左,正极材料代号在右。常见碱性蓄电池系列代号见表1-8。

表 1-8　碱性蓄电池系列代号

电池系列名称	汉字简称	汉语拼音	系列代号
镉镍碱性蓄电池	镉镍	GeNie	GN
氢镍碱性蓄电池	氢镍	QingNie	QN
铁镍碱性蓄电池	铁镍	TieNie	TN
锌银碱性蓄电池	锌银	XinYin	XY
锌镍碱性蓄电池	锌镍	XinNie	XN
锌锰碱性蓄电池	锌锰	XinMeng	XM

(2) 碱性电池中,开口型电池的形状代号不用标注,只标注密封型电池的形状代号。其中,方形代号为 F,圆柱形代号为 Y,扁式(即扣式)代号为 B(高度小于直径的 2/3)。如果是方形密封结构,则应加"密封"的代号 M,圆柱密封电池和扁式电池则不加 M。

(3) 放电倍率代号如下:

低倍率代号：D(低于 0.5 倍率，低倍率代号 D 一般不标注)。

中倍率代号：Z(0.5～3.5 倍率)。

高倍率代号：G(3.5～7 倍率)。

超高倍率代号：C(高于 7 倍率)。

(4) 额定容量用阿拉伯数字表示，单位为安时(A·h)。若单位为毫安时(mA·h)，则在额定容量数值后面加"m"以示区别。

电池型号示例如下：

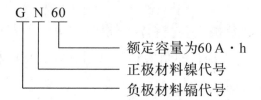

电池名称：镉镍低倍率 60 A·h 碱性蓄电池或镉镍方形开口低倍率 60 A·h 碱性蓄电池。

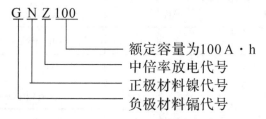

电池名称：镉镍中倍率 100 A·h 碱性蓄电池。

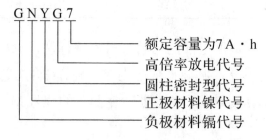

电池名称：镉镍圆柱密封高倍率 7 A·h 碱性蓄电池。

电池名称：镉镍扣式 60 mA·h 碱性蓄电池。

氢镍电池多数是密封型的，能以高倍率放电，所以电池型号有的不加放电倍率代号。

电池名称：氢镍圆柱密封 7 A·h 碱性蓄电池。

电池名称：氢镍方形密封 100 A·h 碱性蓄电池。

电池名称：氢镍扣式 60 mA·h 碱性蓄电池。

锌银电池中，方形电池的形状代号不用标注，开口型电池的形状代号不用标注，低倍率代号 D 不用标注。

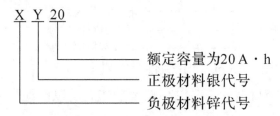

电池名称：锌银方形开口低倍率 20 A·h 碱性蓄电池。

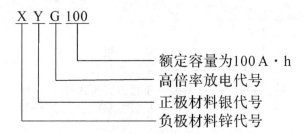

电池名称：锌银方形开口高倍率 100 A·h 碱性蓄电池。

(二) 蓄电池组型号命名原则

蓄电池组由单体蓄电池串联组合而成时，其型号由串联的单体蓄电池数及单体蓄电池型号组成。

电池组型号示例如下：

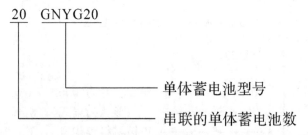

电池组名称：20 只镉镍圆柱密封高倍率 20 A·h 碱性蓄电池组。

电池组名称：15 只锌银高倍率 45 A·h 碱性蓄电池组。

四、锂电池型号命名原则

锂电池分为锂原电池(即锂一次电池)与锂离子电池(即锂二次电池)。

(一) 锂原电池型号命名原则

1. 单体锂电池型号命名原则

单体锂电池的型号由四部分组成。

第一部分为体系代号，如表 1-9 所示。

表 1-9　锂电池体系代号

代号	B	C	E	F	G	W
体系	$Li-(CF)_x$	$Li-MnO_2$	$Li-SOCl_2$	$Li-FeS_2$	$Li-CuO$	$Li-SO_2$

第二部分为形状代号，R 表示圆柱形，S 表示方形，F 表示扁平形。

第三部分为用阿拉伯数字表示的电池尺寸。

第四部分为电池工作特性代号，如表 1-10 所示。

表 1-10　锂电池工作特性代号

代号	蓄电池	放电倍率			高温环境 (100℃～150℃)
		低	中	高	
特性	A	不表示	M	H	S

例 1.1　CF241406：表示 Li-MnO$_2$ 扁平形电池，电池尺寸为 24 mm × 14 mm × 6 mm。

对于 D 型电池，电池容量用两位整数表示，只取小数点后面一位，小数点不表示出来。容量小于 1 A·h 时，十位上的数为"0"。

例 1.2　ID09：表示容量为 0.9 A·h 的 D 型 Li-I$_2$ 电池。

例 1.3　ER26500MS：表示直径为 26 mm、高度为 50 mm、以中等速率放电、能在高温环境下工作的圆柱形 Li-SOCl$_2$ 电池。

2. 锂电池组型号命名原则

锂电池组的型号由三部分组成。第一部分为串联代号，用阿拉伯数字表示串联的单体锂电池数目。第二部分为单体锂电池型号。第三部分为并联代号，由"–"和阿拉伯数字组成。当没有串联时，数字表示单体电池的并联个数；当有串联时(构成一路)，数字表示并联的路数，此时电池组内单体电池的总数为串、并两个数字的乘积。

例 1.4　5ER13205：表示 5 只直径为 13 mm、高度为 20.5 mm 的圆柱形 Li-SOCl$_2$ 电池串联构成的电池组。

例 1.5　9WR26505-9：表示 9 只直径为 26.5 mm、高度为 50.5 mm 的圆柱形 Li-SO$_2$ 电池先串联再 9 路并联(即 81 只电池)构成的电池组。

S、F 型电池的第三部分表示电池尺寸，F 型电池的最后两位数字表示厚度。

例 1.6　WS341818：表示尺寸为 18 mm × 18 mm × 34 mm 的 Li-SO$_2$ 方形电池。

(二) 锂离子电池型号命名原则

锂离子电池从外形上一般分为圆柱形和方形两种(聚合物锂离子电池可根据需要制成任意形状)。锂离子电池的型号一般由英文字母和阿拉伯数字组成，具体命名原则如下：

(1) 第一个字母表示电池采用的负极体系。字母 I 表示采用具有嵌入特性负极的锂离子电池体系，字母 L 表示金属锂负极体系或锂合金负极体系。

(2) 第二个字母表示电极活性物质中占有最大质量比例的正极体系。字母 C 表示钴基正极，字母 N 表示镍基正极，字母 M 表示锰基正极，字母 V 表示钒基正极。

(3) 第三个字母表示电池形状。字母 R 表示圆柱形电池，字母 P 表示方形电池。

(4) 圆柱形锂离子电池在三个字母后用两位阿拉伯数字表示电池的直径，单位为mm，取整数。三个字母和两位阿拉伯数字后用两位阿拉伯数字表示电池的高度，单位为 mm，取整数。当上述两个尺寸中的一个尺寸大于或等于 100 mm 时，在表示直径的数字和表示高度的数字之间要添加分隔符"/"，同时该尺寸数字的位数相应增加。

例 1.7 ICR1865：表示直径为 18 mm、高度为 65 mm 且以钴基材料为正极的圆柱形锂离子电池。

例 1.8 ICR20/105：表示直径为 20 mm、高度为 105 mm 且以钴基材料为正极的圆柱形锂离子电池。

(5) 方形锂离子电池在三个字母后用两位阿拉伯数字表示电池的厚度，单位为mm，取整数。三个字母和两位阿拉伯数字后用两位阿拉伯数字表示电池的宽度，单位为 mm，取整数。最后用两位阿拉伯数字表示电池的高度，单位为 mm，取整数。当上述三个尺寸中的一个尺寸大于或等于 100 mm 时，在表示厚度、宽度和高度的数字之间要添加分隔符"/"，同时该尺寸数字的位数相应增加。当上述三个尺寸中的一个尺寸小于 1 mm 时，用"尺寸"×10(取为整数)来表示该尺寸，并在该整数前添加字母 t。

例 1.9 ICP083448：表示厚度为 8 mm、宽度为 34 mm、高度为 48 mm 且以钴基材料为正极的方形锂离子电池。

例 1.10 ICP08/34/150：表示厚度为 8 mm、宽度为 34 mm、高度为 150 mm 且以钴基材料为正极的方形锂离子电池。

例 1.11 ICPt73448：表示厚度为 0.7 mm、宽度为 34 mm、高度为 48 mm 且以钴基材料为正极的方形锂离子电池。

第二章　装备电池的工作原理及使用

为确保电池性能充分发挥，使用人员有必要全面了解和掌握电池的性能，本章主要介绍装备电池的工作原理及使用方法。

第一节　原电池的使用

一、锌锰干电池的使用

锌锰干电池 R20、R14、R6 的使用温度范围为 –10℃～40℃，在低于 –10℃ 的环境下使用时，应装入夜视仪的外接电源(低温联接器)，按低温下的使用方法进行操作。电池的外壳有时会使底部负极接触不好，使用时可适当修切掉底部的一圈塑料皮，确保接触良好。

二、碱性锌锰电池的使用

碱性锌锰电池(如 LR20、LR14、LR6)比普通锌锰电池的容量高 3 倍，重负荷及连续放电性能好，如 LR20 型电池可用 1 A 电流连续使用。碱性锌锰电池内阻极小，如输出功率大的 LR20 型电池内阻只有 0.04～0.045 Ω(1000 Hz/21℃)。另外，碱性锌锰电池低温性能好，可在 –30℃ 下工作，储存期达 3 年以上。

新电池不要与使用过的电池混合使用。不同牌号、等级和品种的电池也不要混合使用，以免造成电池组中的部分电池电压超过规定的终止电压，使电池漏液而腐蚀仪器。电池使用后，不得通过加热、充电或其他手段使其再生而反复使用。电池较长时间停止使用时，要及时取出，以免漏液而损坏仪器。要注意电池有一定的储存期限，不要久存，以免性能降低，影响使用。

环保电池的包装上有明显的绿色标记，清楚地注明"0%汞"或"无汞"，而非环保电池则没有此类标记。

第二节　铅酸蓄电池的工作原理及使用

一、铅酸蓄电池的工作原理

（一）放电原理

蓄电池在带电状态下，正极活性物质的主要成分为二氧化铅(PbO_2)，负极活性物质的主要成分为海绵状铅(Pb)，正、负极板处于硫酸(H_2SO_4)溶液中。铅酸蓄电池放电的化学反应方程式如下：

正极：　$PbO_2 + HSO_4^- + 3H^+ + 2e = PbSO_4 + 2H_2O$

负极：　$Pb + HSO_4^- - 2e = PbSO_4 + H^+$

总反应：$PbO_2 + 2H_2SO_4 + Pb = 2PbSO_4 + 2H_2O$

从以上的化学反应方程式可以看出，铅酸蓄电池在放电时，正极的活性物质二氧化铅和负极的活性物质金属铅都与硫酸电解液反应，生成硫酸铅，电化学上把这种反应称为"双极硫酸盐化反应"。蓄电池刚放电结束时，正、负极活性物质转化成的硫酸铅是一种结构疏松、晶体细小的结晶物。

（二）充电原理

放电状态下形成的正、负极疏松细小的结晶物硫酸铅，在外界充电电流的作用下会重新变成二氧化铅和金属铅，使蓄电池又恢复到充电状态。铅酸蓄电池的充电化学反应就是放电化学反应的逆反应，充电的化学反应方程式如下：

正极：　$PbSO_4 + 2H_2O - 2e = PbO_2 + HSO_4^- + 3H^+$

$$负极：\quad PbSO_4 + H^+ + 2e \Longrightarrow Pb + HSO_4^-$$

$$总反应：\ 2PbSO_4 + 2H_2O \Longrightarrow PbO_2 + 2H_2SO_4 + Pb$$

这种可逆的电化学反应使蓄电池实现了反复储存电能和释放电能的功能。平时，我们通常使用的是蓄电池的放电功能。铅酸蓄电池在充足电的情况下可长时间保持电池内化学物质的活性，而放电以后，如果不及时充足电就长时间搁置，会使放电态结构疏松、晶体细小的硫酸铅结晶物重结晶形成结晶粗大、不易充电转化、活性低的硫酸铅晶体，活性物质逐渐失去活性，从而导致蓄电池性能逐渐衰退、失效。所以要求使用人员对铅酸蓄电池要充足电后储存，并定期对其补充充电。

（三）免维护原理

普通铅酸蓄电池在充电时除了进行充电化学反应外，通常还伴随有分解水的副反应，分别从正、负极板上逸出氧气和氢气，导致电解液的损耗，在使用过程中会发生减液现象，因而需要定期补水并调整电解液进行维护。铅酸免维护蓄电池制造时采用了铅钙合金材料，在规定的充电条件下充电时，产生的水分解量少，从而减少了电解液的损耗。与传统蓄电池相比，铅酸免维护蓄电池可达到不需添加液体维护，对接线桩头、电线腐蚀少等效果。

阀控式密封铅酸蓄电池除电池制造采用了铅钙合金材料外，还采用了贫液和密封设计，选用吸液能力极强的超细玻璃纤维隔板，将电池反应所需电解液吸附于极板和隔板中，且隔板中保留一定的气体通道，电池内部无游离电解液；在按使用要求正确充电时，即便有析气反应，也可在电池内部再化合被吸收；在正常使用条件下不向外界排放气体，没有电解液损耗，无酸雾溢出，对使用环境无污染、无腐蚀；不需定期测电解液密度，不需加酸、加水维护，维护工作量大大减少。

二、铅酸蓄电池充电方法

蓄电池充电时，电池正极与电源正极相连，电池负极与电源负极相连，充电电源电压必须高于电池的总电压。铅酸蓄电池充电方式有恒压充电、二阶段充电和恒流充电等。

（一）恒压充电

恒压充电是按电池电压 2.3～2.5 V/单体设定充电机恒定电压，维持蓄电池两极间的恒定电压值，设定最大充电初始电流不超过容量值的 25% 对电池充电。随着充电的进行，充电电流逐渐减小，至终期几乎没有电流。在同样的电压下，连续 3 h 充电电流值不再下降时即充足电。恒压充电是一种广泛采用的充电方法，不间断电源(UPS)的浮充电和涓流充电都是恒压充电，起动用蓄电池在车辆运行时也处于近似的恒压充电。恒压充电的优点是随着蓄电池荷电状态的变化，自动调整充电电流。如果设定的恒定电压值适宜，则既能保证蓄电池的完全充电，又能尽量减少析气和失水。

（二）二阶段充电

二阶段充电即在充电过程中，为提高充电效率，一般开始时用 3～5 h 率电流充电，当电池电压达到约 2.4 V/单体时，分步将电流降到 10 h 率电流或 20 h 率电流继续充电。在同样的电流下，连续 3 h 电池电压值不再变化且富液电池内部有大量气泡产生时即充足电。

（三）恒流充电

恒流充电是以一定电流进行充电。蓄电池使用过程中，大部分采用恒流充电方法。充电过程中应调整或者设定充电机使电流恒定，一般采用 10 h 率电流或 20 h 率电流。在同样的电流下，连续 3 h 电池电压值不再变化且富液电池内部有大量气泡产生时即充足电。

三、铅酸蓄电池的使用

（一）普通式蓄电池初充电

凡未经使用或干态储存的普通式蓄电池进行的首次充电称为初充电。初充电和正常充电不同。电池的生产及储存，会使部分活性物质成分不是带电状态。在投入使用前，为使蓄电池达到应有效果，必须将它们充分恢复活性，因而需要较长时间的特别充电。初充电的好坏直接影响蓄电池的性能和使用寿命。若初充电量不足，则蓄电池的初期性能不高，使用寿命也短。若初充电量过多，则蓄电池的初期性能虽好，但使用不久容量会急剧下降，同样使用寿命会缩短。因此，新的普通式蓄电池在投入使用前必须进行注液和合理初充电。

1. 配制、调整和灌注电解液

电解液用硫酸和蒸馏水或纯水(如经离子交换树脂处理后的纯水)配制，硫酸应符合 HG/T 2692—2015 标准规定。不得使用河水、井水和含杂质的水配制电解液。配制电解液时应在耐酸容器内进行，严禁用铁质、铜质或其他金属容器。操作时应戴防酸手套，配制时应将浓硫酸缓缓地注入蒸馏水中(禁止将水注入浓硫酸中)，并用耐酸塑料棒或玻璃棒搅拌均匀，待温度降到 40℃以下时，调整密度到(1.285 ± 0.005) g/cm³ (25℃)范围内。测量密度时，若温度不是 25℃，则按公式 $d_t = d_{25}-0.0007(t-25)$ 换算。其中：d_{25} 是 25℃时的电解液密度；d_t 是温度为 t 时实测的电解液密度；t 是实测的电解液温度；0.0007 是温度系数。除需准备上述规定的硫酸溶液外，还需准备密度约 1.4 g/cm³ 的硫酸和纯水，以备充电末期调整电解液密度时使用。

拧下蓄电池上的排气栓，如排气栓的上下出气孔有塑料或白蜡，则必须捅开，清理干净，使其通畅。灌酸时，新配的电解液应待温度冷却到30℃以下，灌注电解液液面到规定高度，使液面高于保护板 8～12 mm 或处于蓄电池外壳上电解液液面高度上、下限标记规定范围内。灌酸后，由于蓄电池的活性物质与电解液反应，电池温度会升高，一般要静置 1～6 h，此时电解液密度降低，不要调整，如液面下降，要补加一些电解液，将电解液液面调整到规定高度。

2. 充电与调整电解液

待电解液温度低于 35℃(如超过 35℃应设法冷却)再开始初充电。一般可采用二阶段充电法，即第一阶段按额定容量的 10%选取电流充电，当电池电压达到约 2.4 V/

单体时转第二阶段，按额定容量的 6%选取电流充电，充电中若电解液温度超过45℃，应减小电流或暂停充电。

当电池电压达到 2.6 V/单体以上，水开始激烈分解，电池内部有大量气泡产生，且在保持同样电流的情况下，电池电压值、电解液密度连续 3 h 不再变化时，充电即结束。当充电末期电解液密度、液面高度与规定不同时，用密度约 1.4 g/cm³ 的硫酸或纯水进行调整，使之达到规定值，再继续充电 0.5～1 h，使蓄电池内部状态均衡。

（二）普通式铅酸蓄电池普通充电

对使用过的蓄电池进行的充电称为普通充电。同样可采用二阶段充电法，即第一阶段按额定容量的 10%选取电流充电，当电池电压达到约 2.4 V/单体时转第二阶段，按额定容量的 6%选取电流充电，在同样的电流下，连续 3 h 电池电压值不再变化且电池内部有大量气泡产生时即充足电。普通充电时，充入的电量应是前一次放出电量的 120%～135%，以避免蓄电池充电不足或过充。

（三）干荷电式蓄电池充电

干荷电式蓄电池在投入使用前，同普通式蓄电池一样需要进行注液。遇有紧急情况时，对新启用的干荷电式蓄电池注入电解液并浸渍 0.5～1 h 后，可不用补充充电而直接装车使用。对于储存时间超过 1 年以上的干荷电式蓄电池，一般按额定容量的 6%选取电流进行恒流充电，在同样的电流下，连续 3 h 电池电压值不再变化且电池内部有大量气泡产生时即充足电。

干荷电式蓄电池普通充电的要求与普通式蓄电池的相同。

（四）铅酸免维护蓄电池充电

铅酸免维护蓄电池是充电态带液电池，使用常规恒流充电方法充电会消耗较多的水。如果条件受限制，充电时充电电流应稍小些，且不能进行快速充电，以免蓄电池发生爆炸，造成人员伤亡。充电方法如下：

1. 恒压充电

当电池放电后，应立即进行恒压充电，即恒定充电电压为 2.35～2.4 V，最大充电电流限制为 $0.25C_{10}$ A，推荐采用充电电流为 $0.1C_{10}$ A。在 25℃时，全放电态电池充满电需 18～24 h，充电电压应随环境温度的变化而调整。若充电电流连续 3 h 不变化，则表明电池已充满电。

图 2-1 所示为铅酸免维护蓄电池采用恒压限流的充电曲线(恒压 2.4 V，限流 $0.25C_{10}$ A)。蓄电池在浮充状态下使用一年后，应做一次容量检验，即先将电池放电，再按上面的方法充电。电池充满电后，再转为浮充状态。

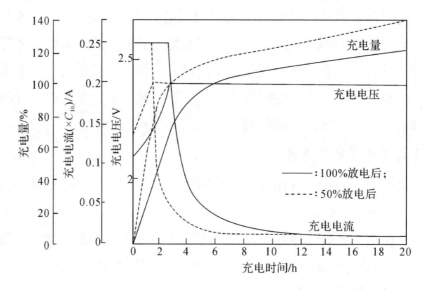

图 2-1　恒压限流的充电曲线(恒压 2.4 V，限流 $0.25C_{10}$ A)

2. 浮充电

恒压法是铅酸免维护蓄电池唯一允许的浮充电方法。推荐的浮充电压范围：每个单体电池电压为 2.23～2.25 V。不应高于或低于推荐的浮充电压，否则会降低电池容量或寿命。具体电压值可查阅厂家配发的电池说明书。

蓄电池的浮充电压和充电电压应随温度变化进行适当调整。环境温度高于

25℃时,充电电压应降低。环境温度低于25℃时,充电电压应增加。温度每变化1℃时,单体电池电压增减0.003 V。

3. 均衡充电

均衡充电主要是针对蓄电池组中的部分蓄电池。单只蓄电池质量没有问题,但受其他原因影响容量会降低,从而造成蓄电池组容量不均衡。蓄电池组容量不均衡对蓄电池的使用寿命有很大影响。在下列情况下需要对蓄电池组进行均衡充电。

(1) 电池系统安装完毕,对电池组进行补充充电。

(2) 电池组浮充运行3个月后,有个别电池浮充电压低于2.2 V。

(3) 电池组循环运行1个月后,有电池开路电压低于2.1 V。

(4) 电池搁置停用时间超过3个月。

(5) 电池全浮充运行达3个月。

均衡充电推荐采用如下方法进行:常温下,最大充电电流为 $0.25C_{10}$ A,充电电压为2.3~2.4 V,充电时间为12~24 h。

充电时,不论采用何种方式,必须遵守以下规则:每放出1 A·h的电量,必须补充1.1~1.15 A·h的电量,以确保蓄电池充足电。

第三节 镉镍蓄电池的工作原理及使用

一、镉镍蓄电池的工作原理

镉镍蓄电池放电时,负极上的金属镉被氧化为氢氧化镉,充电时氢氧化镉又被还原为金属镉,反应如下:

$$Cd(OH)_2 + 2e^- \underset{放电}{\overset{充电}{\rightleftharpoons}} Cd + 2OH^-$$

放电时,正极上的羟基氧化镍(NiOOH)被还原为氢氧化镍(Ni(OH)$_2$),充电时氢氧化镍($Ni(OH)_2$)又被氧化为羟基氧化镍($NiOOH$)，反应如下：

$$2Ni(OH)_2 + 2OH^- \underset{\text{放电}}{\overset{\text{充电}}{\rightleftharpoons}} 2NiOOH + 2H_2O + 2e^-$$

电池总反应如下：

$$2NiOOH + Cd + 2H_2O \underset{\text{放电}}{\overset{\text{充电}}{\rightleftharpoons}} 2Ni(OH)_2 + Cd(OH)_2^-$$

镉镍蓄电池充电时，外接直流电源迫使负极上的氢氧化镉($Cd(OH)_2$)发生还原反应而生成镉(Cd)，正极上的氢氧化镍($Ni(OH)_2$)发生氧化反应而生成羟基氧化镍($NiOOH$)。

用电设备需要工作时，蓄电池与用电设备相连接，电池内活性物质的化学能就会转变为电能。这时负极上发生的反应是金属镉转变为氢氧化镉，正极上发生的反应是羟基氧化镍转变为氢氧化镍。电池放电的过程，就是电极上的活性物质的转变过程，当活性物质完全转变为放电态时，需对蓄电池进行再充电，继而进行充电与放电的循环。

（一）镉镍蓄电池的充放电原理

1. 放电原理

放电时负极发生氧化反应，即镉原子失去两个电子，变成二价镉离子；正极发生还原反应，即羟基氧化镍获得电子，变成氢氧化镍。负极镉的氧化反应和正极羟基氧化镍的还原反应过程中，电子通过外电路输送而形成电流。镉镍蓄电池的放电原理示意图见图 2-2。

图 2-3～图 2-8 为镉镍蓄电池典型的放电曲线（本章图中的 I_t A 等同于 C_5 A，I_t A 是 IEC 中的写法）。

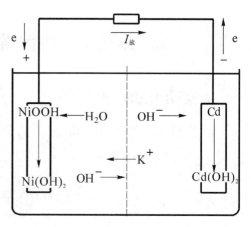

图 2-2　镉镍蓄电池的放电原理示意图

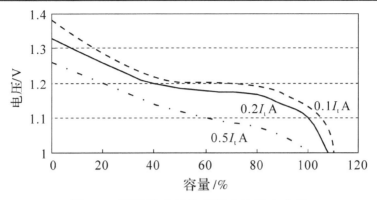

图 2-3 镉镍袋式低倍率蓄电池放电曲线

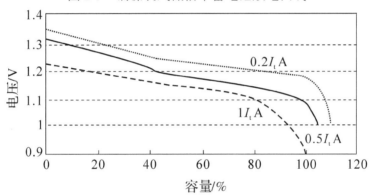

图 2-4 镉镍袋式中倍率蓄电池放电曲线

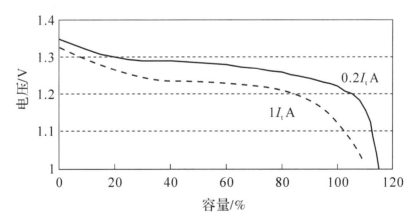

图 2-5 镉镍烧结式蓄电池 $0.2I_t$ A、$1I_t$ A 放电曲线

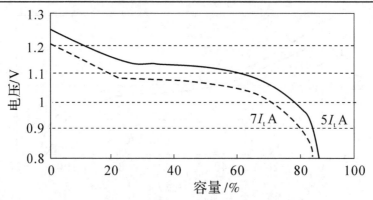

图 2-6　镉镍烧结式蓄电池 $5I_t$ A、$7I_t$ A 放电曲线

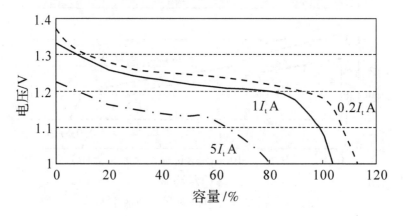

图 2-7　镉镍圆柱密封蓄电池 $0.2I_t$ A、$1I_t$ A、$5I_t$ A 放电曲线

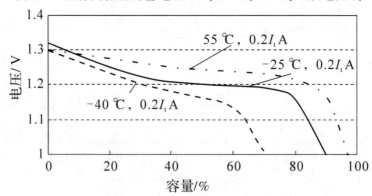

图 2-8　镉镍圆柱密封蓄电池高、低温放电曲线

2. 充电原理

电池充电时，外直流电源的正极连接电池的正极，外直流电源的负极连接电池的负极。通电时，外直流电源的电流从外电源正极流向电池的正极(从电池的负极流向外直流电源的负极)，电子从电池的正极流向外电源的正极(从外直流电源的负极流向电池的负极)。外电源正极的作用是从电池正极取走电子，迫使正极发生氧化反应。镍正极的氧化反应是氢氧化镍($Ni(OH)_2$)失去一个电子而生成羟基氧化镍($NiOOH$)。外电源负极的作用是向电池输送电子，迫使电池的负极发生还原反应，使镉负极的放电产物氢氧化镉还原为金属镉。镉镍蓄电池的充电原理示意图如图 2-9 所示。

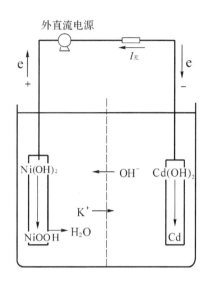

图 2-9　镉镍蓄电池的充电原理示意图

镉镍蓄电池典型的充电曲线如图 2-10～图 2-12 所示。

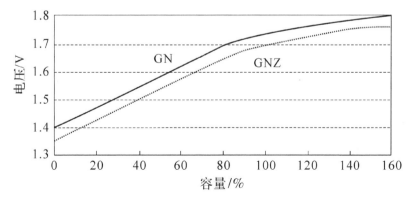

图 2-10　镉镍袋式蓄电池 $0.2I_t$ A 充电曲线(GN 为低倍率，GNZ 为高倍率)

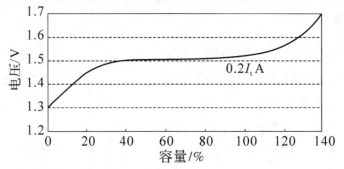

图 2-11　镉镍烧结式蓄电池 $0.2I_t$ A 充电曲线

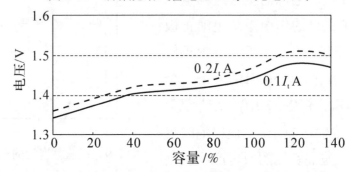

图 2-12　镉镍圆柱密封蓄电池 $0.1I_t$ A、$0.2I_t$ A 充电曲线

（二）镉镍蓄电池的放电

放电时的环境温度对蓄电池的电压和容量有明显影响。低温下，电池活性物质的化学活性降低，电池内阻增加，从而导致放电电压曲线陡斜，放电容量减小。镉镍蓄电池的适宜放电温度是 25℃±10℃。在 35℃～50℃和 -40℃～15℃之间，电池也能工作，但是工作时间会随着温度的升高和降低而逐步减少。镉镍蓄电池放电的终止电压是放电终止时的规定电压。常温下恒电流放电速率与终止电压的关系如下：

(1) $0.2C_5$ A 放电，终止电压为 1 V/只。

(2) $1C_5$ A 放电，终止电压为 0.9 V/只。

(3) $2C_5$ A 放电，终止电压为 0.8 V/只。

(4) $5C_5$ A 放电，终止电压为 0.8 V/只。

蓄电池放电到终止电压，而使其继续放电，这种现象称为过放电。虽然镉镍蓄电池有良好的耐过放电特点，但长期使蓄电池过放电，会对蓄电池造成不利影响。

1. 镉镍袋式蓄电池的放电

图 2-3、图 2-4 给出了镉镍袋式低倍率(GN)和中倍率(GNZ)全充电态蓄电池在环境温度 20℃时不同倍率的恒电流放电曲线。镉镍袋式蓄电池可在 –40℃～50℃下工作。温度低时，应选用浓度较大的纯氢氧化钾电解液。温度高时，应选用浓度较低的含氢氧化锂的氢氧化钠电解液。

2. 镉镍烧结式蓄电池的放电

图 2-5、图 2-6 给出了镉镍烧结式全充电态蓄电池在环境温度 20℃时不同倍率的恒电流放电曲线。镉镍烧结式蓄电池采用薄极板结构，能以大电流和在较低温度下放电，而且放电电压曲线平稳，因此广泛应用于要求大电流放电的场合，如电力系统的分合闸电源、飞机发动机和内燃机发动机等。

3. 镉镍密封蓄电池的放电

图 2-7、图 2-8 给出了镉镍圆柱密封全充电态蓄电池在环境温度 20℃时以及高低温度下不同倍率的恒电流放电曲线。该系列电池分为中倍率(GNYZ)和高倍率(GNYG)两大类。部分电池和原电池有一定的互换性。该电池在任何情况下使用都必须严格控制放电时的终止电压，要求终止电压不得低于 1 V/只，否则会导致内部气体剧增，严重时会损坏安全阀，影响蓄电池的安全使用。

(三) 镉镍蓄电池的充电

蓄电池的充电是日常维护的重要工作，充电设备和充电技术是做好充电工作的重要技术基础。常用的充电方法有恒流充电、恒压充电、恒压限流充电和脉冲充电等。

1. 恒流充电

恒流充电即充电时自始至终以恒定不变的电流进行充电，该恒定电流是通过调整充电装置达到的。恒流充电法操作简单、方便，适用于多只蓄电池串联的蓄电池组。分段恒流充电是恒流充电的变形。为避免充电后期电流过大，在充电后期减小电流。因此，此法也称为递减电流充电法。

2. 恒压充电

恒压充电即充电时每只单体蓄电池以某一恒定电压进行充电。因此，充电初期电流相当大，随着充电的进行，电流逐渐减小，在充电终期只有很小的电流通过。恒压充电的缺点是：在充电初期，电流会很大，不仅危及充电机的安全，电池也可能因过流而受到损伤。恒压充电适用于组合只数较少的蓄电池组。

3. 恒压限流充电

为弥补恒压充电的缺点，可采用恒压限流充电方法。在充电电源与蓄电池之间串联一个电阻，称为限流电阻。当电流大时，电阻上的电压降也大，从而减小了充电电压；当电流小时，电阻上的电压降也小，充电设备输出的电压降损失就小。目前，这种限流一般是通过充电机内部调节实现的，这就自动调整了充电电流，使之不超过限流值，从而充电初期的电流得以控制。

4. 脉冲充电

在短时间内将蓄电池充足电，既不能用恒流大电流，也不能用较高的恒定电压，而应使电流以脉冲方式输给蓄电池，并随着充电时间的延续，蓄电池有一个瞬间的大电流放电(称为负脉冲)，使电极去极化。快速充电要有专用的充电设备提供脉冲电流和负脉冲，以保证充电时既不会产生大量气体，又不会引起蓄电池发热，从而达到缩短充电时间的目的。

二、镉镍蓄电池的使用

(一) 镉镍袋式蓄电池的使用

1. 电池特性

镉镍袋式蓄电池的额定电压为 1.2 V，蓄电池组的额定电压为 $1.2 \times n$ V(n 为串联的蓄电池的只数)。蓄电池在浮充电制下使用时，在环境温度 25℃±10℃ 范围内，单只蓄电池的浮充电压应控制在 1.42～1.45 V(不包括线路压降)。浮充电压低于要求时会造成蓄电池容量不足或缩短蓄电池的使用寿命。蓄电池在环境温度 20℃±5℃ 下以 $0.2C_5$ A 电流充电 8 h，开路搁置 28 昼夜，搁置期间平均环境温度为 20℃，但允许短时间温度偏差 ±5℃，要求蓄电池以 $0.2C_5$ A 电流恒流放至电压为 1 V 时的持续放电时间不少于 4 h。

2. 充电

镉镍袋式蓄电池的充电制度见表 2-1。

表 2-1　镉镍袋式蓄电池的充电制度(环境温度 25℃±10℃)

充电制度	充电电流	充电电压/(V/只)	充电时间/h
正常充电制	$0.2C_5$ A	1.9 或 2.2	8
过充电制	$0.2C_5$ A	1.9 或 2.2	12
补充电制	$0.2C_5$ A	1.9 或 2.2	3
快速充电制	第一阶段 $0.4C_5$ A	1.9 或 2.2	2.5
	第二阶段 $0.2C_5$ A		2.5
浮充电制	0.5～3 mA/A·h	1.42～1.45	不定
均衡充电制	—	1.55～1.6	12

注：蓄电池正常充电所需电源电压一般情况下可按 1.9 V/只计，寒冷地区可按 2.2 V/只计。

蓄电池平时使用时最好采用正常充电制充电，急用时可采用快速充电制充电。当蓄电池过放电、反放电或长期使用容量不足时必须用过充电制充电。蓄电池充电后搁置 1～3 个月，启用前要进行补充充电。蓄电池作为备用电源与负载并联工作时，采用浮充电制充电。采用浮充电的蓄电池，每次放电使用时，须采用均衡充电制充电，然后再转入浮充电制充电运行。长期处于浮充电的蓄电池，每年应进行 1 或 2 次均衡充电。

3. 放电

镉镍袋式蓄电池可以 $0.1C_5$ A～$0.5C_5$ A 倍率放电，放电时，电解液的温度不得超过 45℃，其放电制度见表 2-2。

表 2-2　镉镍袋式蓄电池的放电制度(环境温度 20℃)

放电恒流倍率/A	终止电压/V	放电时间/h
$0.1C_5$	≥1.1	10
$0.2C_5$	≥1	约 5
$0.33C_5$	≥0.9	约 3
$0.5C_5$	≥0.7	约 2

4. 电解液的选用、配置、保管及更换

1) 电解液的选用

按蓄电池使用的环境温度和实际情况选用所需电解液，具体见表 2-3。

表 2-3　镉镍袋式蓄电池不同环境温度下使用的电解液

序号	使用的环境温度	电解液相对密度/(g/cm³)	电解液组成	每升电解液中 LiOH 的含量/g	配制重量比 (碱：水)
1	10℃～45℃	1.18±0.02	氢氧化钠	20	1：5
2	−10℃～35℃	1.2±0.02	氢氧化钾	20	1：3
3	−25℃～10℃	1.25±0.01	氢氧化钾	无	1：2
4	−40℃～−15℃	1.28±0.01	氢氧化钾	无	1：2

电解液密度和温度的关系：

$$D_T = D_{20} - 0.0005(T - 20)$$

式中：D_T 是温度为 T 时的电解液密度；D_{20} 是温度为 20℃时的电解液密度。

蓄电池在 25℃±10℃ 的环境中使用时，应用含氢氧化锂的电解液。如果用不含

氢氧化锂的电解液，则蓄电池寿命将缩短。蓄电池在35℃以上的环境中使用时，应用含氢氧化锂的氢氧化钠电解液。因为温度升高，如不用此电解液，蓄电池的容量和寿命会显著下降。蓄电池在 −40℃～0℃ 的环境中使用时，应用表 2-3 中第 3 或 4 号不含氢氧化锂的而相对密度较大的纯氢氧化钾电解液。

2) 电解液的配制

(1) 配制电解液用的原材料。电解液用的碱可用一般的工业纯氢氧化钾(KOH)或氢氧化钠(NaOH)、氢氧化锂(LiOH)。电解液用的水应用蒸馏水或软化水，严禁使用矿水与海水。

(2) 电解液的配制方法。纯电解液的配制方法：按所需电解液的量和表 2-3 中碱与水的重量比，计算并称取所需碱和水；将碱慢慢放于水中并搅拌，使碱完全溶解于水；待溶液冷却至室温时调整比重，使其符合表 2-3 中的要求；将溶液沉淀 6 h以上，再将其上部澄清溶液移入另一容器中密封储存。

含氢氧化锂的电解液的配制方法：按所需电解液的量(以 L 为单位)和表 2-3 中规定的氢氧化锂的含量，计算并称取氢氧化锂总量；将称取的氢氧化锂全部放入少量的纯电解液中并充分搅拌，使氢氧化锂完全溶解(可适当加温)；倒入余下的纯电解液，搅拌均匀，沉淀后，取其澄清溶液，即可使用。

(3) 安全事项。配制电解液时，应将碱慢慢倒入水中，切不可将水倒入碱中。配制或加注电解液时应穿戴好工作服、眼镜及橡胶手套和胶鞋，以防烧伤皮肤。如果不小心皮肤上溅有碱液，应立即用 3% 的硼酸水冲洗。

3) 电解液的保管

配制好的电解液应密封储存在玻璃容器、瓷器、搪瓷或塑料容器内，严防任何金属及其他杂质掉入电解液内。

4) 电解液的更换

使用过程中，蓄电池内的电解液容易吸收空气中的二氧化碳生成碳酸盐，增大了电池内阻，当碳酸盐的含量超过 50 g/L 或者电解液由于种种原因被污染时，均会使蓄电池的性能显著降低，因此，要定期更换电解液。

(1) 电解液更换时间。一般情况下，按正常充放电制连续使用时，每 100 次循环，应更换一次电解液。蓄电池浮充使用时，每 3 年应更换一次电解液。

(2) 更换电解液的方法。将蓄电池放电至 1 V/只，打开塑料气塞将蓄电池倒立，摇动蓄电池使内部粉尘随电解液倒出。如果倒出的电解液较脏，可用软化水或蒸馏水冲洗蓄电池内部 2 至 3 次，把水倒净并及时注入新的电解液。

5. 使用注意事项

(1) 蓄电池储存及使用室内要干燥通风，温度适宜(25℃±10℃)。

(2) 碱性蓄电池室严禁存放酸性蓄电池及其他酸类物质，所有容器及工具不允许与酸性蓄电池混用。

(3) 蓄电池在充电过程中，不得有明火接近。

(4) 充电过程中，电解液温度不允许超过 45℃。如果超过规定，则应采取停止充电、减小充电电流或降温措施，待冷却后再充电。

(5) 不允许用金属工具撞击蓄电池。拧紧螺母时，不得使工具同时接触正、负极接线柱，以防短路烧伤。

(6) 电解液由于水分蒸发，以及在充电过程中水的电解作用，一部分要变成氢气和氧气，使电解液液面下降，浓度升高，因此，要定时检查电解液的相对密度和调整液面高度。采用恒流充电法时，每次充电前应调整一次液面使其符合要求。浮充电使用时，可每半年检查(调整)一次液面高度。调整液面用的水必须是软化水或蒸馏水。

(7) 在蓄电池上溢出的电解液及形成的碳酸盐的白色结晶物会引起绝缘不良，应经常保持蓄电池表面干净。铁质外壳和金属零件上如有锈点，可用布蘸上煤油后慢慢擦拭，然后用防锈油或凡士林薄薄涂上一层，可起到防锈蚀作用。

(8) 电池应由专人负责维护，特别在充电时，应保证充电电流的准确性和足够的充电时间，否则蓄电池因充电不足而影响使用。

(二) 镉镍烧结式蓄电池的使用

1. 电池特性

镉镍烧结式蓄电池一般用于高倍率放电,最大放电倍率可达 $12C_5$ A 以上,且有良好的低温性能,在 $-18℃±2℃$ 的环境中放电可放出其额定容量的 80% 以上,自放电小。蓄电池充电后,在环境温度 $25℃±5℃$ 下放置 28 天,其容量仍不少于额定容量的 80%。

2. 电池使用前的准备

使用湿态出厂的新电池或长期放电态存放的电池时,首先将电池洗净擦干,然后打开气塞,灌入电解液到液面标记线上,再拧紧气塞,将电池清理干净,并用连接板组合好,在螺母极柱及连接板处涂上凡士林,进行使用前的活化。表 2-4 为镉镍烧结式蓄电池的充电制度。用正常充电制电流充电 6 h 或 7 h,用 4 h 放电制放电,至单体电压 1 V 时停止放电,然后以正常充电制电流充电 6 h 或 7 h 即可使用。

表 2-4 镉镍烧结式蓄电池的充电制度

充电制度	充电电流	充电时间
正常充电制	$0.25C_5$ A	6 h
补充电制	$0.25C_5$ A	2 h
快速充电制	第一阶段 $0.5C_5$ A	2 h
	第二阶段 $0.25C_5$ A	2 h
浮充电制	$1\sim 2$ mA	不定(长期)

镉镍烧结式蓄电池一般是带电解液出厂的,应根据不同情况按下述方法操作:

(1) 带电解液的蓄电池使用前一定要拧下运输气塞,调整电解液面至两条液面线间,再换上工作气塞,否则蓄电池在使用过程中有炸裂的危险。

(2) 出厂时电池所带电解液的相对密度为 $(1.2±0.01)$ g/L。

3. 充电

蓄电池正极接充电电源正极，负极接充电电源负极，每只蓄电池所需充电电源电压按 1.9～2 V 计。充电结束时，蓄电池充电终止电压一般为 1.68～1.75 V。

充电制：按表 2-4 规定充电制充电。

4. 浮充电

蓄电池可与电源并联浮充使用，浮充电时每只电池的浮充电压控制在 1.35～1.38 V 之间(浮充电流为 1～2 mA/A·h)。蓄电池浮充电时，电流极小，产生的气体也很少。如果产生了大量气体，则必须检查浮充电压是否过大。浮充电的目的是使蓄电池保持一定充电状态，补偿自放电损失，确保蓄电池随时可用。浮充电时，允许个别电池电压在 1.33～1.42 V 范围内。蓄电池应在按规定充电制充足电之后转入浮充电，否则将因充电电流过大而导致电池损坏。

5. 放电

镉镍烧结式蓄电池的放电制度见表 2-5。

表 2-5　镉镍烧结式蓄电池的放电制度

放电制度	放电电流/A	放电终止电压/V	放电时间	备　注
4h 制	$0.25C_5$	1	≥4 h	—
1h 制	$1C_5$	0.9	≥1 h	—
3 倍率制	$3C_5$	0.9	≥15 min	—
5 倍率制	$5C_5$	0.9	≥7 min	起动用
7 倍率制	$7C_5$	0.8	≥3 min	起动用
10 倍率制	$10C_5$	0.8	≥2 min	起动用
12 倍率制	$12C_5$	0.8	≥1 min	起动用

6. 电解液的更换

镉镍烧结式蓄电池的电解液配制、更换可参考镉镍袋式蓄电池的电解液配置、更换说明。

(三) 镉镍圆柱密封蓄电池及镉镍扁形密封蓄电池的使用

镉镍圆柱密封蓄电池的使用方法及注意事项与镉镍扁形密封蓄电池的大多一致。镉镍圆柱密封蓄电池出厂时一般荷电量为20%～40%，因此在使用前必须按说明书要求放电，然后充电使用。储存期不超过3个月的蓄电池或蓄电池开路电压不低于1 V的蓄电池(蓄电池组为$1 \times n$ V)，可按照表2-6的规定充电。

表2-6　镉镍圆柱(扁形)密封蓄电池的充电制度

充电制度	充电电流/A	充电时间/h	充电过程中 蓄电池电压上限/(V/只)	充电时的 环境温度
标准充电制	$0.1C_5$	14～16	1.5	15℃～35℃
允许充电制	$0.2C_5$	7	1.6	

注：充电过程中蓄电池电压上限值并不是蓄电池充电后一定要达到的电压值，更不可作为蓄电池充足电的判断标准。

储存期超过3个月的蓄电池或蓄电池开路电压低于1 V的蓄电池(蓄电池组为$1 \times n$ V)，应按照表2-7所列的循环方法进行3～5次循环，再按照表2-6的规定进行充电。

表2-7　镉镍圆柱(扁形)密封蓄电池循环方法

充电		搁置时间/h	放电	
电流/A	时间/h		电流/A	终止电压/V
$0.2C_5$	7	0.5～1	$0.2C_5$	1

注：蓄电池组的终止电压为$1 \times n$ V，n为组合蓄电池只数。

储存期3个月以上的蓄电池，如果不进行循环而直接使用，最初会有放电时间较短的现象，使用几次后容量可以恢复正常。

蓄电池可以任意位置工作，但是处于正位的效果最佳，不要长期倒置使用。

对放电程度不清楚的蓄电池，不能盲目对其进行充电，应先以 $0.2C_5$ A 放电至终止电压，然后进行充电。

注意：蓄电池不能并联充电和使用。

第四节　氢镍电池的工作原理及使用

一、氢镍电池的工作原理

(一) 放电原理

放电时储氢合金负极上发生氧化反应，即金属氢化物(MH_x)释放氢原子，变成储氢合金(M)；正极上发生还原反应，即羟基氧化镍获得电子而还原为氢氧化镍。

负极储氢合金的氧化反应和正极羟基氧化镍的还原反应过程中，电子通过外电路输送而形成电流。氢镍电池的放电原理示意图如图 2-13 所示。

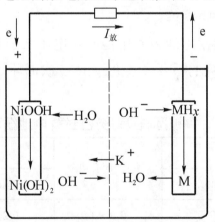

图 2-13　氢镍电池的放电原理示意图

氢镍电池典型的放电曲线见图 2-14～图 2-16。

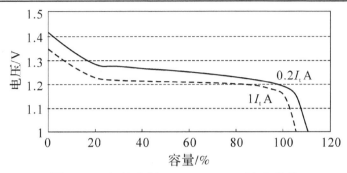

图 2-14　氢镍电池 $0.2I_t\text{A}$、$1I_t\text{A}$ 放电曲线

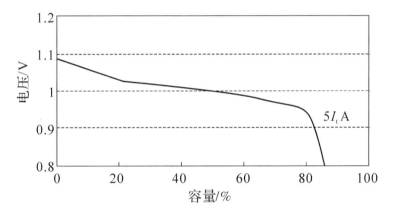

图 2-15　氢镍电池 $5I_t\text{A}$ 放电曲线

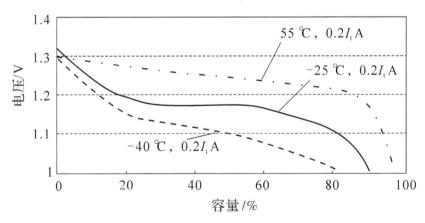

图 2-16　氢镍电池高低温放电曲线

放电时的环境温度对电池的电压和容量有明显影响。低温下，电池活性物质的化学活性降低，电池内阻增加，从而导致放电电压曲线陡斜，放电容量减小。氢镍电池的适宜放电温度是 25℃±10℃。在 35℃～50℃和 −40℃～15℃之间，电池也能工作，但是工作时间会随着温度的升高和降低而逐步减少。氢镍电池放电的终止电压是放电终止时的规定电压。常温下恒电流放电速率与终止电压的关系如下：

(1) $0.2C_5$A 放电，终止电压为 1 V/只。

(2) $1C_5$A 放电，终止电压为 1 V/只。

(3) $3C_5$A 放电，终止电压为 0.9 V/只。

(4) $5C_5$A 放电，终止电压为 0.8 V/只。

电池放电到终止电压，而使其继续放电，这种现象称为过放电。虽然氢镍电池有良好的耐过放电特点，但长期使电池过放电，会对电池造成不利影响。

(二) 充电原理

电池充电时，外直流电源的正极连接电池的正极，外直流电源的负极连接电池的负极。通电时，外直流电源的电流从外电源正极流向电池的正极(从电池的负极流向外直流电源的负极)，电子从电池的正极流向外电源的正极(从外直流电源的负极流向电池的负极)。外电源正极的作用是从电池正极取走电子，迫使正极发生氧化反应。镍正极的氧化反应是氢氧化镍($Ni(OH)_2$)失去一个电子而生成羟基氧化镍(NiOOH)。外电源负极的作用是向电池输送电子，迫使电池的负极发生还原反应，使储氢负极的放电产物储氢合金吸附氢原子而还原为金属氢化物(MH_x)。氢镍电池的充电原理示意图如图 2-17 所示。氢镍电池典型的充电曲线见图 2-18。

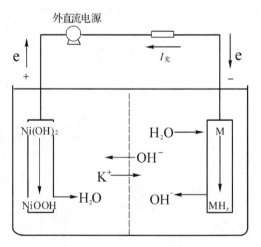

图 2-17　氢镍电池的充电原理示意图

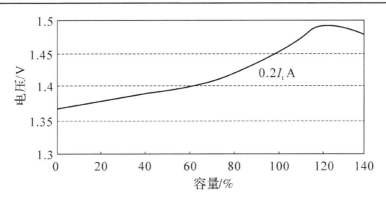

图 2-18 氢镍电池 $0.2I_t$ A 充电曲线

氢镍电池通常以恒电流充电，一般的充电电流为 $0.1C_5$ A，还可用较大电流 $0.4C_5$ A、$1C_5$ A 充电，具体见表 2-8。

表 2-8 氢镍电池的充电制度

充电制度	充电电流/A	充电时间/h	充电过程中电池电压上限/(V/只)	充电时的环境温度
标准充电制	$0.1C_5$	14～16	1.48	
允许充电制	$0.2C_5$	7	1.55	
快速充电制	$0.4C_5$	3.5	1.6	15℃～35℃
紧急充电制	$1C_5$	1.17	1.65	

注：充电过程中电池电压上限值并不是电池充电后一定要达到的电压值，更不可作为电池充足电的判断标准。

容量小于 4 A・h 的电池可以采用快速充电制。采用恒流充电法时，最好至少用两种方式同时控制充电截止，即温度增长率和 $-\Delta U$(即电压负增长)。氢镍电池适宜的充电温度为 $25℃\pm10℃$，高于此温度和低于此温度都将降低电池的充电效率。

二、氢镍电池的使用

氢镍电池出厂时一般荷电量为 20%～40%，因此在使用前必须按说明书要求放电，然后充电使用。

储存期不超过 3 个月的电池或电池开路电压不低于 1 V 的电池(电池组为 $1 \times n$ V)，可按照表 2-8 的规定充电。

储存期超过 3 个月的电池或电池开路电压低于 1 V 的电池(电池组为 $1 \times n$ V)，应按照表 2-9 所列的循环方法进行 2 或 3 次循环，再按照表 2-8 的规定进行充电。

表 2-9　氢镍电池循环方法

充　电		搁置时间/h	放　电	
电流/A	时间/h		电流/A	终止电压/V
$0.1C_5$	14～16	0.5～1	$0.2C_5$	1

注：电池组的终止电压为 $1 \times n$ V，n 为组合电池只数。

电池可以任意位置工作，但是处于正位的效果最佳，不要长期倒置使用。

电池(组)在低温环境中(−25℃～0℃)使用时，容量不能全部放出。温度越低，放出的容量越小。电池(组)在低温环境中使用结束后，应先将电池(组)在常温下搁置 3～4 h 后，再以 $0.2C_5$ A 电流放电至电压为 1 V/只。对放电程度不清楚的电池，不能盲目对电池进行充电，应先以 $0.2C_5$ A 放电至终止电压，然后进行充电。如果电池还有剩余容量，则充电时要适当减少充电时间，并注意观察。

第五节　锌银电池的工作原理及使用

一、锌银电池的工作原理

(一) 放电原理

放电时锌负极上发生氧化反应，即锌原子失去两个电子，变成二价锌离子；正极上发生还原反应，即氧化银获得电子，先由二价过氧化银还原成一价氧化银，再由一价氧化银还原为金属银。

　　负极锌的氧化反应和正极氧化银的还原反应过程中，电子通过外电路输送而形成电流。锌银电池的放电原理示意图如图 2-19 所示。

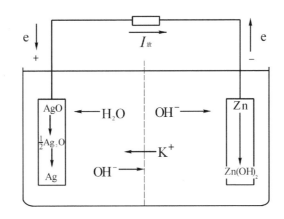

图 2-19　锌银电池的放电原理示意图

　　能否正确地进行锌银电池的放电，与电池的技术性能和使用寿命有着直接的联系。为了正确使用和维护好锌银电池，放电中应注意：锌银电池放电曲线有两个坪阶(见图 2-20)，当仪器和设备要求电压精度较高时，应考虑消除高坪阶电压(即图 2-20 中 1.52～1.7 V 区间的坪阶电压)。一般情况下，电池充电后搁置一定时间，或放电电流密度较大而温度较低时，高坪阶电压变得不明显，甚至消失。

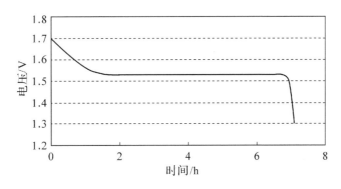

图 2-20　锌银电池放电曲线

（二）充电原理

电池充电时，外直流电源的正极连接电池的正极，外直流电源的负极连接电池的负极。外电源正极的作用是从电池正极取走电子，迫使正极发生氧化反应。银正极的氧化反应分两步进行。金属银先失去一个电子，变成氧化银(Ag_2O)，正极进一步进行氧化反应，氧化银再失去一个电子，变成过氧化银(AgO)。通电时，外直流电源的电流从电池的负极流向外直流电源的负极，电子从外直流电源的负极流向电池的负极。外电源负极的作用是向电池输送电子，迫使电池的负极发生还原反应，使锌负极的放电产物氢氧化锌或氧化锌还原为金属锌。锌银电池的充电原理示意图如图 2-21 所示。

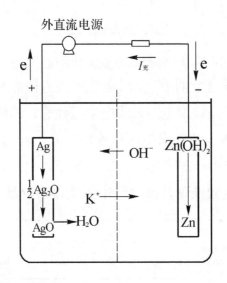

图 2-21　锌银电池的充电原理示意图

图 2-22 是锌银电池充电曲线。锌银电池采用恒流充电时电流为 $0.1C_5$ A，充电时间为 14～16 h，此时的电池电压一般为 2～2.05 V/只。若充电不足 14 h，而电池电压已经达到充电终止电压，应查明原因后再充电。充电过程中，每小时检查一次电压。当充电电压超过 1.96 V 时，应增加测量次数，以防电池过充。恒压充电是以

恒定电压值的直流电源对电池充电的方法。为防止起始电流值过大，电路中常串联一个限流电阻(一般是通过充电机设定的)。为防止电池过充，充电终止电压应适当调低。锌银电池的阶段充电，实际上是分步降低电流的恒流充电。充电初期采用较大的电流充电一段时间后，转较小的电流充电到规定的充电终止电压。采用阶段充电，既可缩短充电时间，又可提高充电效率。

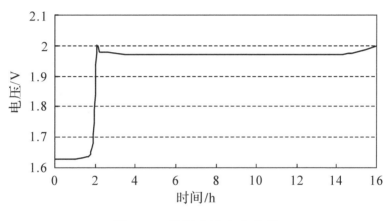

图 2-22　锌银电池充电曲线

二、锌银电池的使用

(一) 放电

锌银电池低温放电时，应对电池采取保温或加温措施。锌银电池的低温性能一般不够理想，工作温度在 18℃ 以上时，可获得正常的容量和电压。当温度低于 15℃，且对电气设备要求电压较精密时，必须考虑对电池进行保温或加温。

锌银电池应严格避免外部短路。若发生外部短路，会形成强大的短路电流，从而烧坏电池。

电池组放电时，由于电池容量不均匀，个别容量特别小的电池有可能会发生过放电，此时应将过放电的电池及时取下，并进行更换。表 2-10 为 2XY8、XY20 锌银电池的放电制度。

表 2-10　2XY8、XY20 锌银电池的放电制度

产　品　型　号	2XY8	XY20
化成放电电流/A	0.8	2
容量检查放电电流/A	1.6	4

（二）充电

锌银电池的充电一般是按充电终止电压来控制的。除特殊规定以外，均把终止电压定为 2.05 V/只。锌银电池严格禁止过充电。表 2-11 为锌银电池的常用充电制度。

表 2-11　锌银电池的常用充电制度

充电制度	电流/A	时间/h	电压/V
正常充电制	$0.1C_5$	14～16	
快速充电制	$0.15C_5$	7～8	2～2.05
补充电制	$0.05C_5$	不定	

锌银电池在使用中允许使用较大电流充电 7～8 h。锌银电池宁可充电稍微不足，也不能过充电，这样可以延长电池使用寿命。因此在电池使用初期、容量高时尽量采用此法。锌银电池经较长时间湿态搁置后开始使用前，宜用小电流充电到终止电压 2～2.05 V。图 2-23 是锌银电池充电线路示意图，图 2-24 是锌银电池充电曲线。

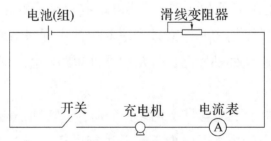

图 2-23　锌银电池充电线路示意图

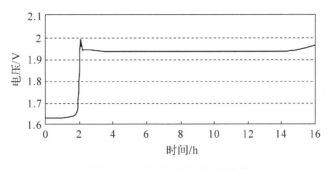

图 2-24　锌银电池充电曲线

(三) 电解液的选用、配置、保管

1. 电解液的选用

高倍率锌银电池采用氢氧化钾电解液,低倍率和长寿命的扣式电池有时采用氢氧化钠电解液。

2. 电解液的配制和保管

(1) 电解液配制所用的水必须是蒸馏水、去离子水或电渗析水,严禁使用自来水和受酸"污染"的水。

(2) 固态电解质一般包括氢氧化钾(KOH,采用一级品或二级品试剂)、氢氧化锂(LiOH,含量不少于 50%)、氧化锌(ZnO)。

(3) 容器。配制电解液时应使用玻璃、搪瓷、塑料或不锈钢等耐碱、耐高温容器。

(4) 工具和量具一般包括密度计、温度计、量筒、漏斗、塑料勺、台秤、磅秤、搅拌器等。

(5) 配制程序。以配制 1 升电解液为例,程序如下:

先加 750 mL 纯水于烧杯中,再加入氧化锌 95～100 g、氢氧化钾 680～700 g,搅拌至完全溶解,冷却到 25℃±5℃,调整比重到 1.45～1.47 g/cm³。冷却过程中应盖好容器,避免杂质进入溶液。比重大时补加水,比重小时补加氢氧化钾。静置 4～6 h 至澄清后即可使用。

(6) 配制电解液时，操作人员必须戴好眼镜、胶手套，穿上胶鞋、工作服，以防碱烧伤。如皮肤沾有电解液，应立即用 3% 的硼酸水清洗，再用清水冲洗。如果不慎溅入眼睛内，应立即用水冲洗并马上就诊。

(7) 电解液保管。电解液易吸收空气中的二氧化碳，生成有害的碳酸盐，造成蓄电池性能下降，因此，暂时不用的电解液必须加盖密封储存，严防任何杂质进入电解液。

3. 注意事项

(1) 锌银蓄电池都是以干态出厂的，直到使用前才注入电解液。

(2) 干式荷电态电池都是干态储存的。使用前数小时必须加注电解液，然后才能使用。不宜过早注入电解液。因为电解液注入后，就会发生碱对隔膜的侵蚀和银迁移对隔膜的氧化作用，使隔膜受到破坏而缩短实际使用期限。

(3) 干式放电态电池，其极板内活性物质尚未活化，一般在使用前 3~5 天注入电解液，待其电解液充分渗透后，进行 2 或 3 次循环才能使用。循环方法见表 2-12。

表 2-12　锌银电池的循环方法

充　电			放　电	
电流/A	时间/h	终止电压/V	电流/A	终止电压/V
$0.1C_5$	14~16	2~2.05	$0.1C_5$	1.3~1

充电过程中，每隔 1 h 测量并记录一次电压。当单体电池的电压达到 1.96 V 时，每隔 10 min 检查一次电压。当电压达到 2~2.05 V 时，停止充电。

放电过程中，每隔 1 h 测量并记录一次电压。当单体电池的电压达到 1.4 V 时，每隔 5 min 检查一次电压。当电压达到 1.3~1 V 时，停止放电。

锌银电池充电时应在整洁、通风、干燥的室内进行，电池下面最好垫塑料板，便于擦洗。严禁将锌银电池与酸性蓄电池放在一起充放电。极柱不应沾有电解液；在充放电或使用过程中，如有电解液溢出，应及时擦净；极柱表面要涂一薄层中性凡士林。

(4) 加注电解液时,应在环境温度大于15℃的条件下进行,浸泡时间为6～10 h。电解液完全渗透后,必须按规定的液面高度进行调整。电解液量过多或过少均会严重影响蓄电池的容量和寿命,因此启用新电池时除应按规定量加入电解液外,在使用中应保持电解液面正常,即充电后稍低于上液面线,放电后略高于下液面线。若电解液不足,宜在充电后补加到接近上液面线。

(5) 使用过程中应保持电池组整洁,如有电解液溢出,应立即擦净。

(6) 除加注电解液和充电时,其他时间应拧紧气塞,防止电解液蒸发或吸收二氧化碳而使电池性能变坏。蓄电池启用浸渍时,应将气塞拧松,以便排气。

(7) 1 个月以上不用的蓄电池,应以放电态储存在通风、干燥的室内。若需充电态储存备用,应不超过 1 个月,并在使用前用小电流补充充电,以恢复容量。

(8) 蓄电池在小电流下放电使用并要求放电平稳时,可采用预放电消除高压部分。在蓄电池充好电后,以 1 h 率电流放电到规定时间,再用 5 h 率电流继续放电至稳定电压后才可使用。表 2-13 以 2XY8、XY20 电池为例,说明了预放电消除高压部分的方法。

表 2-13　预放电消除高压部分的方法

产　品　型　号		2XY8	XY20
1 h 率电流预放电	电流/A	8	20
	时间/min	15	12
5 h 率电流预放电	电流/A	1.6	4
	时间/min	约 30	约 30
	终止电压/V	3.04～3.1	1.52～1.56

(9) 蓄电池在使用中,每 2 个月或 10 次循环后,应作一次容量检查和内部有无短路的检查,半年后改为每月一次。蓄电池容量低于额定容量的 80% 或内部短路者,应视为寿命终止。

第六节　锂及锂离子电池的工作原理及使用

一、锂一次电池的使用

锂一次电池是不可充电的电池，不允许对其充电。

（一）Li-MnO2 电池

Li-MnO$_2$ 电池的开路电压约为 3.5 V，工作电压为 2.9 V，终止电压为 2 V，比能量达到 250 W·h/kg 及 500 W·h/L 以上。

Li-MnO$_2$ 电池的工作温度范围宽(–20℃～50℃)，储存性能好，自放电小，储存和放电过程中无气体析出，安全性好，是锂电池中拥有最大市场的商品电池。Li-MnO$_2$ 电池一般有扣式、圆筒式和方形三种结构。扣式电池是小容量电池，圆筒式电池和方形电池可制成大容量电池。

Li-MnO$_2$ 在 PC-DME 有机溶液中分别以 0.6mA·cm^{-2}、1mA·cm^{-2}、3 mA·cm^{-2}、5 mA·cm^{-2} 电流密度的恒电流放电的放电曲线见图 2-25。

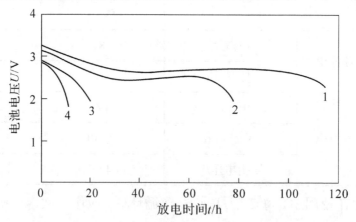

1—0.6 mA·cm^{-2}；2—1 mA·cm^{-2}；3—3mA·cm^{-2}；4—5mA·cm^{-2}

图 2-25　Li-MnO$_2$ 电池恒电流放电曲线

(二) Li-SO₂ 电池

Li-SO₂ 电池是目前研制的有机电解液电池中综合性能最好的一种电池,其比能量高,电压精度高,储存性能好,低温性能好,输出功率高。Li-SO₂ 电池的比能量为 330 W·h/kg 和 520 W·h/L,开路电压为 2.95 V,终止电压为 2 V,其特点是放电电压高且放电曲线平稳。Li-SO₂ 电池的另一特点是存在电压滞后现象。电池反应以及 SO₂ 与 Li 之间发生的自放电反应,均使锂电极表面生成 Li₂S₂O₄ 保护膜,防止了自放电继续发生,但带来电压滞后现象。安全性差是 Li-SO₂ 电池的主要缺点。Li-SO₂ 电池如果使用不当会发生爆炸或 SO₂ 气体泄漏。爆炸原因如下:短路或较高负荷放电致电池外部加热,使电池反应加速,从而导致电池温度达到锂的熔点(180℃);高温下溶剂挥发,反应产生的气体形成较高压力;电池内存在不挥发的有机溶剂;正极放电产物有硫,正极活性物质中的碳粉在高温下会燃烧。当缺乏 SO₂时,锂和乙腈,锂和硫都会发生反应放出大量的热;隔膜中的无机和有机材料会分解。这些因素都可能引起爆炸。

图 2-26 为几种一次电池的放电曲线比较。由图 2-26 可知,相比于其他电池,Li-SO₂ 电池放电曲线最为平稳。

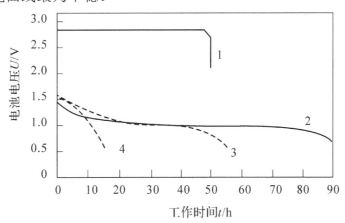

1—D 型 Li-SO₂ 电池;2—锌汞电池;3—碱性锌锰电池;4—锌锰电池

图 2-26 几种一次电池的放电曲线比较(放电条件:21℃,200 mA)

(三) Li-SOCl₂ 电池

Li-SOCl$_2$ 电池的开路电压为 3.65 V。图 2-27 为 D 型 Li-SOCl$_2$ 电池在 25℃下的低速率放电曲线，曲线表明电池放电电压高且放电曲线平稳。Li-SOCl$_2$ 电池比能量高，工作温度范围宽，成本低。但电池存在两个突出问题，即"电压滞后"和"安全性差"。

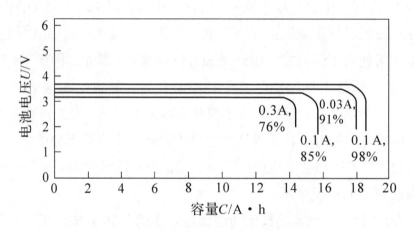

图 2-27　D 型 Li-SOCl$_2$ 电池放电曲线(25℃)

二、锂离子电池的工作原理及使用

锂离子电池是蓄电池，可根据不同产品的要求做成扁平长方形、圆柱形等，并可将几个电池串联在一起组成电池组。

锂离子电池的额定电压为 3.6 V(磷酸铁锂电池为 3.2 V)。一般锂离子电池充满电时的终止充电电压与电池正极材料有关，正极材料为钴酸锂的锂离子电池的终止充电电压为 4.2 V(磷酸铁锂电池为 3.65 V)，终止放电电压为 2.75 V(磷酸铁锂电池为 2 V)。

(一) 锂离子电池的工作原理

从工作原理上讲，锂离子电池是一种浓差电池，负极活性物质都发生锂离子嵌入-脱出反应。充电时，锂离子从正极活性物质中脱出，在外电压的驱使下经电解液向负极迁移，同时锂离子嵌入负极活性物质中，电荷平衡的结果要求等量的电子在外电路从正极流向负极。充电的结果使负极处于富锂态、正极处于贫锂态的高能量状态。

放电时则相反，锂离子从负极脱嵌，经电解液向正极迁移，同时在锂离子嵌入活性物质的晶格中，外电路电子流动形成电流，实现化学能向电能的转换。正常充放电情况下，锂离子在层状结构的氧化物的层间嵌入和脱出，一般不破坏晶体结构，因此从充放电反应的可逆性看，锂离子电池的充放电反应是一种理想的可逆反应。

(二) 锂离子电池的使用

锂离子电池对充电的要求很高，它要求精密的充电电路以保证充电的安全可靠。终止充电电压精度允差为额定值的±1%(如充 4.2 V 的锂离子电池，其允差为±0.042 V)。过压充电会造成锂离子电池永久性损坏。锂离子电池充电电流应以电池生产厂家说明书的要求为准，并要备有限流电路，以免发生过流(过热)现象。一般常用的充电率为 0.25C～1C(C 是电池的容量，如 $C=800\,\text{mA·h}$，1C 充电率即充电电流为 800 mA)。大电流充电时往往要检测电池温度，以防过热损坏电池或发生爆炸。

锂离子电池使用的是有机溶剂电解液，存在特定的化学窗口，充电电压高会引起电解液分解。一般锂离子充电采用恒流-恒压充电制度，即分为两个阶段，先恒流充电，到接近终止电压时改为恒压充电，其终止充电电压为 4.2 V。

对于锂离子电池组的充电，由于存在单体电池的差异，需要在充电过程中对各单体电池电压进行均衡控制，尽量使各电池电压在充电结束时一致，保证电池的稳定性和使用寿命。

锂离子电池在充电或放电过程中若发生过充、过放或过流现象，会造成电池的损坏，从而降低其使用寿命。

第七节　装备电池充电注意事项

实施正确的充电是电池获得最佳性能和循环寿命的一个关键因素。所有电池充电的目的都是通过充入适当的电量，使电池获得最佳的放电容量。过充的电量不但无效，而且在许多情况下会降低电池的性能和循环寿命。在充电系统设计中，如何确定电池达到了满荷电状态是一个关键问题，一般根据电池的特性不同而采用最高电压控制、充电时间控制、电压相对时间的变化率、电池温度的升高等方法，有的充电器采用单一控制的方法，有的充电器采用综合控制的方法。

随着电子技术的发展，以及对电池特性的了解，相关单位开发了各种智能控制的充电机，如可以自动放电、容量检测、电池单只电压检测等智能化程度较高的充电机。

由于电池品种众多，每一种电池里面又有多个品种，其中既有单体的、也有组合的，既有开口的、也有密封的，所涉及的充电方式多种多样，加上不同厂家生产的充电机又有各自特点，因此本书无法对其一一论述。作为使用人员，必须注意以下两点。一是必须了解所用的电池性能。必须认真学习配发的电池说明书或其他操作手册，对所使用的电池性能有充分了解，这样才能根据电池的不同情况，知道电池何时充电，何时放电，何时进行补充充电，何时进行维护性充电等。同时可以针对电池的不同状态，采取合适的充电方式。二是必须了解和掌握对所配发的充电机(器)的使用与维护方法。各种电池要求的充电方法是不同的，使用的充电器也不同，作为使用人员，需要了解和掌握充电器的性能及操作方法，在充电前针对所充的电池进行合理的设置，同时在充电过程中注意观测和监视，并做好记录。

蓄电池在充电过程中要注意以下几点：

(1) 蓄电池在充电过程中，电解液温度不能超过 45℃，否则应采取降温措施，待电解液温度降到 35℃以下时再充电。储存期长的蓄电池初充电时间相对较长。

(2) 充电过程中电池析出的气体是氢、氧气体，若空气中含有 4%的氢气，则遇明火将发生爆炸。故充电时应保持良好的通风，严禁吸烟，电池连接线应牢固，防止虚接打火。

(3) 充好电的蓄电池交付使用前应将表面擦拭干净；一定要把注液口的排气栓拧好，防止使用中酸液外漏；透气孔必须畅通，防止因电池内部气压升高而导致电池壳爆裂。

(4) 避免过充电。蓄电池充满电后继续充电就是过充电。蓄电池的充电电压应随使用环境温度的变化进行调整。温度升高时，充电电压应下调，若没有调整，温度升高时等效于调高了充电电压，容易导致过充电。过度过充电会产生热量使蓄电池温度升高、失水。恒压充电时，过充电会使充电电流增大，进而增加反应产生的热量，使蓄电池温度进一步升高，形成恶性循环，导致蓄电池热失控，使蓄电池壳体塑料软化、鼓胀变形、漏气，从而使蓄电池性能恶化、失效，寿命终止。当蓄电池温度显著上升(通常是过充电的特征)，或达到、超过 45℃时，应停止充电。

第三章　装备电池的储存管理

电池的寿命与储存管理密切相关，为保证装备电池的储存寿命，本章首先介绍电池自放电原理，分析储存条件、状态与储存寿命的关系，然后给出电池的储存要点和技术检查方法。为便于蓄电池退役报废工作的开展，最后给出了蓄电池的报废条件及初期容量检验原则。

第一节　电池的储存性能及自放电

电池的储存性能是指电池开路时，在一定条件下(如温度、湿度等)储存一段时间后，电池容量会自行降低的性能，也称自放电。电池容量降低率小，说明电池的储存性能好。

电池开路时，没有对外输出电能，但是电池总是会出现自放电现象。自放电的产生主要是由于电极在电解液中热力学的不稳定性，导致电池的两个电极自行发生了氧化还原反应。即使电池干态储存，也会由于密封不严而进入空气、水分、残留杂质等，使电池发生自放电。自放电率用单位时间内容量的降低率的百分数表示：

$$X = \frac{C_{前} - C_{后}}{C_{前}} \times T \times 100\%$$

式中：$C_{前}$、$C_{后}$为储存前后电池的容量；T为储存时间，通常用天、月、年表示。

自放电的大小也可用电池搁置至容量降低到规定值时的天数表示，即搁置寿命。搁置寿命分为干搁置寿命与湿搁置寿命。如储备电池，在使用前不加入电解液，电池可以储存很长时间，这种电池的干搁置寿命可以很长。电池带电解液储存时称湿态储存。湿态储存时电池自放电较大，湿搁置寿命相对较短。例如锌银电池的干搁置寿命可达 5～8 年，而湿搁置寿命通常只有几个月。

通常负极的自放电比正极的严重，因为负极的活性物质大多为活泼金属，在水溶液中它们的标准电极电势比氢电极的还低。从热力学的观点来看就是不稳定，特别是当有正电极的金属杂质存在时，这些杂质和负极的活性物质形成腐蚀性微电池，发生负极金属的溶解和氢气的析出。如果电解质中含有杂质，而这些杂质又能被负极金属置换出来沉积在负极表面，那么氢气在这些杂质上的过电势较低，会加速负极的腐蚀。在正极上，可能会有各种副反应发生(如逆歧化反应、杂质的氧化、正极活性物质的溶解等)，消耗了正极的活性物质，导致电池容量下降。

蓄电池的自放电远比原电池的高。而且电池类型不同，电池每月的自放电率也不一样，一般在 5 %～35%之间(锂离子电池的自放电率为 2%)。原电池的自放电率明显要低得多，在室温下每年不超过 2%。储存过程中与自放电伴随的是电池内阻上升，这会造成电池放电倍率的降低，而在放电电流较大的情况下，能量的损失变化非常明显。

电池的储存环境温度对自放电有较大影响，一般温度越高，自放电速度越快。合理的储存条件可有效控制自放电程度。

第二节　储存条件与储存寿命的关系

影响自放电的因素有储存温度、环境的相对湿度及活性物质、电解液、隔板和外壳等带入的有害杂质。

防止电池自放电的措施一般是采用纯度较高的原材料或将原材料预先处理来除去有害杂质，或者在负极材料中加入比氢气过电势更高的金属，如镉、汞、铅等。也有在电极或电解液中加入缓冲剂来防止氢气的析出，从而减少自放电反应的发生。由于汞、镉对环境有较大的污染，目前已逐步被其他材料所代替。

蓄电池的储存寿命与保管条件密切相关，一般对蓄电池的储存要求是：干燥、通风，远离热源和化学腐蚀性物质，环境温度在 35℃ 以下。

一般仓库的储存条件基本上都满足上述要求。但是，库存蓄电池的储存保证期不等于储存寿命。一般来说，军工生产厂家给出的储存保证期偏于保守，有一定的安全系数。储存保证期是生产经验积累起来的统计值，军工生产厂家经常通过抽样进行验证。

从理论上讲，高温环境下长期储存的蓄电池，其负极板容易被氧化。尤其是对失去密封性能的蓄电池，氧化速度一般开始较快，很快在负极外表面生成一个氧化层。但随着时间的推移，外面的氧化层反而对里面的极板起到了一定的保护作用，致使极板被氧化的速度逐渐减慢。当氧化层达到一定的深度后，极板被氧化的速度将十分缓慢，其过程如图 3-1 所示。

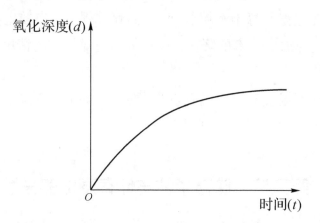

图 3-1　极板被氧化深度和储存时间的关系

高温下储存时间越长的蓄电池，其电极板表面的氧化层越厚，初期容量的恢复越难。尽管用快充技术或小电流充电、延长充电时间可恢复初期容量，但最终结果是剥落了极板表面的氧化层，减少了蓄电池的使用循环寿命，这等于降低了蓄电池的蓄电能力。图 3-2 所示为阀控铅酸蓄电池在不同温度下的自放电特性曲线，可以看出，将电池储存在较低的温度下，其自放电会以较低的速率进行，因此可以延长电池的寿命。

图 3-3 所示为氢镍电池在不同温度下的自放电特性曲线,可以看出,储存温度升高,自放电率随之增大,容量保持率降低。

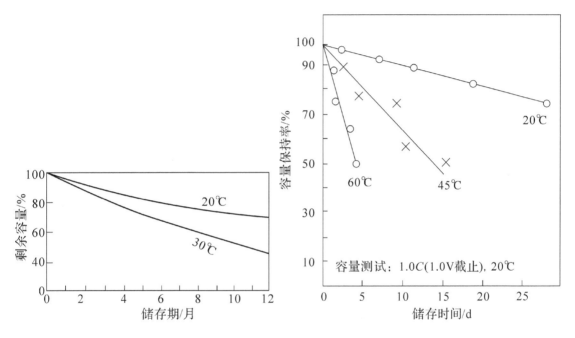

图 3-2　阀控铅酸蓄电池的自放电特性曲线　　　　图 3-3　氢镍电池的自放电特性曲线

第三节　储存状态与储存寿命的关系

不仅温湿度是影响电池储存寿命的重要因素,而且电池的储存寿命还与储存状态密切相关。大多数碱性蓄电池,尤其是镉镍蓄电池,在干态或放电态下能长期储存。铅酸蓄电池由于极板的硫酸盐化,不能在放电状态下储存,否则会损害电池性能。有关资料指出,在温度低于 −20℃ 的环境下,湿态储存蓄电池没有自放电现象。

经过长期干态储存的碱性蓄电池,其密封性经常因温湿度的冲击而被破坏,负极板的表面被深度氧化，正极板的活性物质被热分解钝化，从而导致正负极板在充放电过程中的化学反应活力减弱，造成蓄电池容量下降。充电过程中，充电电流不能将正极板上的低价氢氧化镍 $Ni(OH)_2$ 充分变成高价氢氧化镍$(NiOOH)$，也不能将负极板上的氢氧化镉 $Cd(OH)_2$ 充分还原为镉(Cd)。由于蓄电池充电不足，因而在放电过程中两个极板上的化学反应不强烈、不充分，蓄电池的放电容量下降。库存蓄电池储存寿命抽样试验表明，经过长期干态储存过的碱性蓄电池，在初次充电前，用蒸馏水清洗其内部时，第一遍蒸馏水的颜色呈棕褐色，并有较多棕褐色的渣滓，储存时间越长的蓄电池，清洗液的颜色越重。氧化镉的颜色是棕红色或棕黑色，氧化镍的颜色是褐色。从清洗液的颜色和渣滓看，说明蓄电池负极板被氧化，正极板被热分解。干态储存时间越长的蓄电池，两极板活性物质的钝化越严重，对初期容量的恢复影响越大。因此，做初期容量检验时，充电时间应适当延长，以促使其电极板表面活化。

铅酸蓄电池经过长期干态储存后，电池的负极板被氧化，正极板上的活性物质被分解钝化，其容量降低。负极板受潮被氧化时，表面出现不同程度的灰色、黄色或灰白色，看上去好像发霉一样。负极板被深度氧化后，其表面活性物质大大减少。充电过程中，充电电流不能将负极板表面上的生成物充分还原成活性物质，造成充电不足，因此在放电过程中，其容量显著下降。长期储存的铅酸蓄电池，在初次充电前，用蒸馏水清洗其内部时，第一遍蒸馏水的颜色呈深灰色，储存年限越长的蓄电池，清洗液的颜色越重，并有较多的深灰色渣滓。随着清洗次数的增加，清洗液呈灰白色，说明负极板被氧化。

碱性蓄电池和铅酸蓄电池在清洗过程中所发生的上述现象，与理论上的分析相一致。由于失封或其他原因，蓄电池内部进入氧气，高温高湿则是造成正负极板钝化的外界条件，从而使蓄电池的初期容量恢复困难。这也是影响其使用寿命的直接原因。

通过储存寿命试验，可得出以下三点结论：

(1) 通过对大量试验数据的处理分析可以发现，库存蓄电池的储存寿命与储存状态有关，干态储存的蓄电池，其质量变化规律服从指数分布。从目前仓库储存条件来看，干态储存蓄电池的电性能衰减是一个比较缓慢的过程。超期储存蓄电池充不进电是个假象，实质是负极板上的活性物质被氧化，正极板上的活性物质被热分解造成正负极板钝化。

(2) 由于库存蓄电池的正负极板钝化，因此在启用蓄电池之前，应采用适当的充放电方法恢复初期容量，然后才能正常使用。同时，应改进现有充电方法，避免过充、过放或脉动直流充电，防止降低蓄电池的使用寿命。试验表明，不同储存地点、不同储存年限的蓄电池，其电性能的恢复都不相同。不仅如此，即使同一厂家、同一型号、同一批次，甚至同一块电池，在相邻两次充放电循环中，其充电终止电压值、表面温度等参数也都不同。上述事实给使用超期蓄电池带来了诸多不便。但是试验结果又说明，库存蓄电池还存在着电性能相同的地方，这就是蓄电池充电的电能转换成化学能时是有一定规律的。在充入其额定容量的80%之前，能量转换效率最高，几乎是100%。因此，充电方法宜采用恒流充电法，先用 $0.1C\sim0.15C$ 充电率恒流充电，等到充入蓄电池额定容量的100%～105%时，再采用 $0.05C$ 以下的充电率进行恒流小电流充电，一直充到允许的终止电压为止。

(3) 不同地区的仓库，其保管条件不尽相同，但对蓄电池的内在质量无明显影响。不能以外观状况，如"爬碱"程度的轻重来判断蓄电池的质量好坏，而应以初期容量能否恢复来判断蓄电池的内在质量。

根据实地考察所获取的数据看，运载车用的湿存铅酸蓄电池，按照正常的维护性充电储存，其储存寿命最多为3年。对于湿存的铅酸蓄电池，如何延长其储存寿命，是目前国内外蓄电池寿命研究的一个难题，目前尚未得到很好的解决。一旦蓄电池注入电解液，便成了在用品，无论使用与否，其湿存寿命都不会超过3年。相比较而言，经常使用的蓄电池，比其湿存的性能好，寿命长。一般运载车上的铅酸蓄电池的使用寿命为3～5年。由上述事实不难看出，蓄电池的干态储存寿命比其湿态储存寿命高很多。

第四节　电池的储存要点

　　为保证电池的储存寿命，使用人员应该提高对电池储存要求的认识，掌握电池的储存要点，及时查看电池的储存情况，定期对需要在储存期间维护的电池进行管理。电池的储存寿命与储存保管条件密切相关，温湿度是影响电池储存寿命的重要因素，因此高温高湿地区的仓库应力求温湿度不要超过"三七线"，即温度在30℃以下，相对湿度在70%以下。通常库房要远离热源，必要时可采取通风与降温措施，用除湿机降湿，或在库房内放置一些易找到的干燥剂，如木炭、生石灰等降低湿度，这些干燥剂要远离电池，已失效的干燥剂应及时更换。存放电池的地方应远离化学腐蚀性物质，严禁碱性电池与酸性电池存放在一起，不能将铅酸蓄电池及含液镉镍电池卧放和倒置。所有电池在储存期间不能受到机械冲击和重压。在仓库进行收发业务或转库倒换包装箱时，要严格按照生产厂家在包装箱或蓄电池外壳上的钢印日期，重新在替换的包装箱上注明标志符，然后按不同厂家的产品和不同的生产年份分层码垛，并建档登记，做到账、物、卡一致。

一、原电池的储存

　　锌锰干电池在储存期间容量逐渐下降，这是由于锌腐蚀、化学副反应和水分损失所致。部分放电的电池比完全未放电的电池自放电率更高。自放电率与储存温度有关，高温可加速容量损失，低温条件下电池的活性下降，如环境温度保持在0℃就很有效。−34℃是一个可靠的储存温度，可延长电池的储存寿命。根据试验数据估算，储存17年的电池，尚能达到初期容量的50%。只要不是从高温到低温反复变化，结冰对电池没有坏的影响。如果环境温度在高低温之间反复变化，那么会导致电池膨胀系数相差很大的材料破裂。因此，当电池从冷库中取出后，必须恢复到室温后再使用。升温过程中应防止水分的凝聚，因为它可能引起电池漏电。由于干电池内糊状的电解液冰点为-18℃左右，因此冷藏温度可选在-15℃～-18℃之间。试验证明，在这一冷藏温度下电池的储存寿命可达7～8年。除了对温度的选择和控制外，湿度的控制同样对干电池性能有较大影响，湿度要适中，选择在65%左右最合适。

综上所述，在有条件的仓库中，凡因使用要求必须荷电储存的电池，均可在-20℃～0℃的低温环境下冷藏储存。但必须指出，除非在紧急战备情况下，一般不主张低温冷藏干电池，因为锌锰干电池货源广，市场上可以买到。目前我国生产的碱性锌锰干电池，常温下的储存寿命为9～12个月，低温-20℃下的储存寿命可达10年左右。

二、蓄电池的储存

（一）蓄电池的储存方法

库存蓄电池应根据电池的特性，采取不同的储存方法。

1. 干态储存

目前，在库存蓄电池中，除少量运载车配用的铅酸蓄电池外，绝大多数蓄电池是以干态方式储存的。干态储存蓄电池的环境温湿度应保持在"三七线"以下。尤其是开口的酸性和碱性蓄电池，一定要把密封塞拧紧。保管员平时要注意检查密封性能是否失效，若失效，应及时更换密封塞。试验证明，在不超过"三七线"的环境温湿度下，干态储存的蓄电池，其密封性能如果不被破坏，则可以储存20年左右，其电性能参数仍符合技术要求。

2. 湿态储存

对于湿态储存的蓄电池，由于自放电无功自耗，因此要对其进行定期维护性充、放电，以保持蓄电池处于备用状态。凡是湿态储存的蓄电池，均应储存在通风、干燥、清洁的室内，室温经常保持在5℃～35℃之间。下面是常见的几种湿态储存方法。

(1) 湿态储存 3 个月之内的蓄电池，在其停用前，应按使用说明书要求进行均衡充电，并将蓄电池外部擦拭干净后储存，使用前再进行一次均衡充电，才可投入使用。

(2) 湿态储存 3 个月至 1 年的蓄电池，在其停用前，应先进行均衡充电后再储存，然后每半个月检查其电压、电解液的比重和温度，以及是否存在漏酸、短路等现象，每 2～3 个月按 10 h 率放电、充电一次，使用前再进行一次均衡充电，才可投入使用。

也可在均衡充电后，把电解液的比重降为 1.06 g/cm^3 进行湿态储存，其目的是减少自放电。在使用前把比重提高到 $(1.28±0.015)\,g/cm^3$，进行均衡充电，在停充前 2 h 调整电解液的比重和温度。亚热带气候下，将电解液的比重调整到 1.27～1.29 g/cm^3，充好电后即可投入使用。

(3) 湿态储存一年以上的蓄电池，在其停用前，应先进行均衡充电，然后吸出电解液，立即注入蒸馏水，使之高出极板 20～30 mm，但须经常监视蒸馏水高度，如有蒸发，应予以及时补充。使用前更换比重为 $(1.28±0.015)\,g/cm^3$ 的稀硫酸溶液，然后按常规充电法充电，直到有大量气泡产生时为止，便可停止充电，投入使用。

(4) 对已经使用过的铅酸蓄电池进行湿态储存时，还有一种目前仓库流行的维护性补充充电法，即每到一个月必须用 10～20 h 率电流充电 5～6 h，用以补充自放电损失和防止极板硫化。对要求湿态储存 3 个月以上的铅酸蓄电池，除了每个月进行一次维护性充电外，每到 3 个月，必须做一次 10 h 率的全充全放电工作，然后充满湿存。

上述四种湿存法，只要维护得当，湿态储存寿命可达 3 年。

3. 湿态转干态储存

对固定型铅酸蓄电池，为方便储存和延长储存寿命，可将湿态蓄电池转为干态储存。其方法是先进行均衡充电，然后吸出电解液，立即注入蒸馏水，再用 10 h 率电流放电，放到大部分单体电池电压为 0.5 V 时为止，再将蒸馏水吸出，重新注入蒸馏水，浸泡 24 h 后取出电极板，用风扇及时吹干，分别将正、负极板放置在 5℃～30℃干燥、阴凉的仓库内。取出的木质隔板应浸泡在比重为 1.03 g/cm³ 的稀硫酸中，防止开裂长霉。分解下的铅零件应及时清洗干净，用风扇吹干，防止氧化。其他零件可洗净、晾干后储存备用。干态储存过的蓄电池，在使用前应按说明书要求进行初充电。如果极板受潮或氧化严重，则初充电时间需适当延长。

对运载车使用的铅酸蓄电池，其干态储存方法是，先用普通充电法充足电，再用 10 h 率电流放电，放到单体电池电压为 1.75 V 时为止，倒出电解液后立即注入蒸馏水，浸泡 3 h 后再将蒸馏水倒出，重新注入蒸馏水，如此反复冲洗多次，直到蓄电池内蒸馏水不含酸性为止，倒净蒸馏水，用风扇及时吹干，最后用干净抹布擦净蓄电池表面，拧上密封塞干存起来。

把湿态储存蓄电池转为干态储存是延长储存寿命的一种方法，但此法实施有一定困难。因为仓库缺少必要的设备和技术条件，假如硫酸冲洗不净也烘不干，则在干存时会造成极板硫化结晶，再启用时不易激活。因此，可根据条件灵活掌握。

4. 低温冷藏湿态储存

国外已用试验证明了荷电湿态蓄电池的冷藏温度为 -20℃。因为在这一温度下，荷电湿态蓄电池没有自放电。经过低温冷藏后的荷电湿态蓄电池，启用时再将蓄电池恢复到常温状态。基于各方面的考虑，除非在战备状态下，平常采用这种方法没有实际意义。

（二）铅酸蓄电池的储存要点

1. 干态蓄电池的储存

铅酸蓄电池经过长期干态储存后，电池的负极板接触空气会被氧化，正极板出现钝化，使蓄电池的性能降低。负极板受潮被氧化时，表面出现不同程度的灰色、黄色或灰白色，看上去好像发霉一样。负极板被深度氧化后，在充电过程中，不易将氧化物充分还原成活性物质，在放电使用时，会有容量不足的现象。因此仓库保

管人员要注意:

(1) 经常检查注液孔密封塞是否松动或损坏,如有松动,应及时拧紧,有损坏,应及时更换,防止潮湿气体进入蓄电池内部。

(2) 搬运蓄电池时,不可在地上拖拉蓄电池,以防蓄电池被损坏。

(3) 蓄电池极柱、螺丝在长期储存中容易积存污物,受潮后被氧化而生锈,一旦发现这种情况,要用干净抹布蘸煤油擦净,并涂抹凡士林。

2. 湿态蓄电池的储存

对运载车用铅酸蓄电池,一旦蓄电池注入电解液,便成了在用品。按以往情况,湿态储存寿命最多为 3 年。铅酸蓄电池在仓库中湿态储存,除注意干态蓄电池的储存要求外,还要特别注意定期维护充电。

(1) 湿态储存的铅酸蓄电池必须按规定要求进行维护性充电。进行维护性充电后,旋紧注液孔密封塞,用干净抹布蘸碳酸钠溶液擦去电池外壳、盖子和连接条上的酸液及灰尘,保持电池洁净。

(2) 蓄电池的极柱、夹头和铁质提手等零件表面应经常保持一层凡士林油膜,如有氧化物,必须擦除并涂抹凡士林。当进行维护性充放电时,接线夹头和极柱应保持紧密连接,防止产生火花使蓄电池发生爆炸。

(3) 有电解液维护要求的蓄电池,每隔 10~15 天检查一次电解液液面,液面低落时补加纯水或蒸馏水,切记不要补加硫酸;操作中不小心将电池内电解液洒出时,补加和电池中密度相同的电解液,不要加密度过高的电解液。

3. 阀控式密封铅酸蓄电池的储存

阀控式密封铅酸蓄电池是充电态带液电池,有一定自放电,温度越高,自放电率越大,所以低温有利于电池储存。蓄电池长时间存放或亏电存放会造成性能下降,影响电池使用效果。相比之下,经常使用的蓄电池比储存的电池性能还要好些。要特别注意定期维护充电,蓄电池每存放 3~6 个月(与温度有关,最多不超过 6 个月),应定期对蓄电池先恒压 2.4 V/只、最大充电电流 $0.1C_{10}$ A 补充充电,当充电电流连续 3 h 不再下降时充电结束，再对充满电的电池用 $0.1C_{10}$ A 电流放电约 6 h，进行一次放电活化，然后充足电。如条件具备，后一次充电最好是恒压充电，当充电电流降到小于 $0.05C_{10}$ A 时，再转为 $0.03C_{10}$ A 电流进行恒流充电，充到全部电池电压连续 3 h 不再上升为止。

如果蓄电池长期储存而不进行定期补充充电，则会因蓄电池存在自放电而造成蓄电池亏电、活性物质硫酸盐化以及活性物质活性丧失，使蓄电池性能衰退或无法满足使用要求，从而导致电池报废。此外，不定期进行补充充电及放电活化，也容易使蓄电池的活性物质与导电骨架的界面出现钝化层，导致蓄电池出现早期容量损失，电池容量大幅度降低，充不进电。当采用恒流充电法时，电池电压异常高，容易造成蓄电池报废，对此问题目前还没有很有效、可靠的挽救措施。

因此，蓄电池必须按规定要求进行维护性充电。

综上所述，铅酸蓄电池的储存一般要注意以下几点：

(1) 不受阳光直射，离热源(暖气设备等)不得小于 2 m。

(2) 不得倒置及卧放，不得受任何机械冲击或重压。

(3) 避免与任何有机溶剂和有害气体接触，产品内部不得掉入任何金属杂质。

(4) 蓄电池宜储存在 5℃～40℃、相对湿度不大于 80%的干燥、通风、清洁的仓库内。

(5) 未注入电解液的蓄电池在储存期间应处于可靠的密封状态，已注入电解液的蓄电池开路储存前应按规定充足电，并按规定及时补充充电。

(三) 碱性蓄电池的储存要点

碱性蓄电池的保管与周围环境温度、空气湿度及蓄电池储存前的状态有关。按要求维护和保管蓄电池可以延长其使用寿命。首先，存放蓄电池的仓库应符合温度 –5℃～35℃、相对湿度 50%～70%的大气条件；其次，仓库应有平整的水泥地面并高出室外地面 40 cm 以上，应防止各种有害气体及腐蚀性化学物品对包装件造成损害，应有良好的通风防尘措施并保持清洁。不同型号规格的蓄电池应分别放置，堆放整齐，不许倒置。包装件应堆放在高于地面 30 cm 的枕木上，距离墙壁在 1m 以上，以保持空气流通。蓄电池勿存放在烈日下、火炉前等高温及电磁波、微波等辐射场所，以免降低电池性能。

1. 镉镍方形开口式蓄电池的储存

镉镍方形开口式蓄电池储存前应进行一次正常充、放电。在放电态条件下倒净电解液，更换成运输气塞并拧紧。将蓄电池清理干净，塑料壳体切忌用酒精清洗，不允许用金属工具接触蓄电池正负极接线柱，以防短路烧伤。将外部金属件均匀涂抹一层凡士林。以单只形式装入木箱内，封盖存放。要定期检查储存条件，如有问题，应及时纠正。

准备随时使用或进行短期储存(不超过一年)的蓄电池，可带电解液储存。储存前按正常充电法进行充电，然后调整电解液液面至规定高度，再将蓄电池放在温度为 25℃±10℃ 的干燥、通风的室内进行储存，并注意定期开启气塞放气。

2. 镉镍、氢镍密封碱性蓄电池(组)的储存

储存镉镍、氢镍密封碱性蓄电池(组)时，要严防金属同时接触两极而短路，尤其是带电态的蓄电池(组)更要严防短路，否则蓄电池会受到损坏。运输、使用与保管时不要弄破蓄电池的外包塑料皮，以防蓄电池短路。蓄电池组的塑料上盖非专业人员不要打开，以防蓄电池组受损。蓄电池(组)需长期储存时应以带电 30%～40% 装入纸盒或木箱内。

氢镍电池(组)若需长期储存，应每隔 3 个月将电池进行 1～3 次容量循环(以电池容量达到额定容量为准)，然后重新封装搁置，以防电池内部电极产生钝化，影响电池性能及寿命。短期储存需经常保持环境清洁。长期或短期储存，均需在干燥、通风的房间，温度不超过 30℃，相对湿度不大于 80%。存放中严防短路、受潮，严禁与酸性物质及腐蚀性气体等接触。

蓄电池经过长时间储存后，在使用前应经过几次充放电循环，才能使电池恢复到原来的状态。一般在室温下储存 18 个月之内，经过 1～5 次充放电循环，电池即

可达到储存前状态，而不致失效或性能衰减。电池叠放搁置应尽量减少层数，最多不超过五层，以防电池锈蚀和发热造成短路，影响电池性能及储存寿命。

3. 锌银电池的储存

锌银电池的储存寿命一般分为湿态储存寿命和干态储存寿命。湿态储存寿命是指电池从注入电解液到电池损坏或达不到规定性能所经历的时间，通常也称之为湿搁置寿命或湿寿命。根据锌银电池的结构和使用条件的不同，其湿寿命也有所不同，湿寿命为 3 个月至 1 年左右。干态储存寿命是指电池从制造日期到注入电解液还能达到规定的电性能所经历的最长储存时间，通常称之为干态储存寿命或干搁置寿命。影响干态储存寿命的原因主要是在储存期间电极物质发生质变或膈膜材料老化损坏。锌银电池的干态储存寿命很长，一般可达 5～8 年。

锌银电池的储存要求和上述碱性蓄电池的基本相同。另外，锌银干态蓄电池储存时，一般装入专用的包装箱内，储存在阴凉、干燥、无酸性及其他腐蚀性气体和放射性物质的仓库内，环境温度为 5℃～35℃，相对湿度不大于 80%。干式荷电态电池在高温下储存会加速锌的氧化和氧化银的分解而损失容量。湿态锌银电池存放时，要求较为严格，一般适宜于放电态存放，以减少锌的自溶及银迁移对隔膜的破坏。

三、锂离子电池的储存

锂离子电池长期储存时，不同的荷电状态会影响到电池的储存性能。电池电压在 3.8 V(约 40% 的额定容量的荷电状态)储存时，电池的性能基本不会发生衰减。当电池的初始电压超过 3.9 V(高于 60% 的额定容量的荷电状态)储存时，对电池的容量、内阻、平台及循环寿命等性能都会产生明显不利影响。而在完全放电态或过低荷电状态下，也不利于电池的长期储存，会导致电池的循环性能下降，且不能立即使用，容易出现过放电而损害电池。因此，最好将电池控制在半荷电态(40%～60% 的额定容量)，对应电压为 3.8～3.9 V(开路电压)下进行长期储存。具体要求如下：

(1) 电池应在半荷电态下储存；宜储存在清洁、干燥、通风的仓库内，环境温度为 -5℃～35℃，相对湿度不大于80%；应避免与酸性物质和其他腐蚀性物质在一起；应远离火源及热源。

(2) 电池储存过程中应每 6 个月充电一次。

(3) 电池从入库之日起，储存期限为 12 个月，超过储存期限的产品必须重新进行逐批检查。

第五节　储存蓄电池的技术检查

库存的蓄电池分为湿态和干态，就总数来说，绝大多数为干态储存蓄电池。湿态储存蓄电池只用于运载车，其检查时机和方法在前面章节已有阐述。仓库管理时，要求对大量的蓄电池分类码垛。一般管理电池的方法是 3 年进行 1 次倒垛。干态储存蓄电池的技术检查工作可以结合倒垛进行，具体实施细则如下。

1. 抽样办法及原则

倒垛时，对不同厂家、不同生产年份(批次)的干态储存蓄电池，随机抽取单体蓄电池样品 5 个或组合电池 5 块。如果在关键技术指标检查时有 1 个样品不合格，那么再加试 5 个样品。如果加试后还有 1 个样品不合格，则要对这个批次的库存产品逐个进行检查，找出原因，能修复的修复，不能修复的要视情况送厂修理或进行报废处理。

2. 外观质量检查

按抽样原则进行抽样后，观察碱性电池表面有无严重掉漆或锈蚀，有无爬碱或严重爬碱。铅酸蓄电池有无封装胶龟裂，在运输过程中外壳有无损伤。此类质量问题一般容易修复，其维护与修理方法详见第四章。

3. 渗漏检查

将被检样品注入蒸馏水或纯水，放置一昼夜，观察其是否有渗漏。按抽样原则，一经发现，应及时进行修复，不能修复的要视情况送厂修理或进行报废处理。

4. 初期容量检验

遵循抽样原则，对被检样品进行初期容量检验。

5. 蓄电池的质量评定

对干态储存蓄电池，经过上述技术检查后，凡是符合初期容量检验要求的，外观质量没有问题或经修复后恢复原技术指标要求的，视为合格品。

湿态储存蓄电池在满足 3 年湿态储存期的总要求下，在 3 年之内必须能及时保证随运载车发出，否则已无湿态储存意义。

第六节　蓄电池的报废条件及初期容量检验原则

一、蓄电池的报废条件

蓄电池的报废条件如下：

(1) 碱性开口蓄电池外壳受到严重腐蚀，注入电解液后漏液，内部短路，已无法修复充电的，应予以报废。

(2) 铅酸蓄电池封装剂严重龟裂，内部短路，已无法修复的，应予以报废。

(3) 运输或搬运过程中造成蓄电池外壳严重破裂损坏，蓄电池内部短路、断路的，应予以报废。

(4) 使用寿命终止的蓄电池应予以报废。

(5) 锌银电池容量低于额定容量的 80% 或内部短路的，应予以报废。

(6) 超期储存的蓄电池初期容量不能恢复，或初期容量降到允许值以下，不能满足使用要求的，应予以报废。

(7) 蓄电池外观没有问题,按要求进行容量检查,凡是容量超过额定容量的70%或经恢复达到规定值的，可以继续使用，否则应予以报废。

(8) 从可靠性出发，对超期储存的蓄电池，一般规定初期容量检查不合格，或输出容量达不到额定容量的70%的，应予以报废。

(9) 湿态储存的铅酸蓄电池经修复后仍不能使用的，应予以报废。

表 3-1 中给出了部分库存蓄电池的使用寿命参数。如果把低温条件下的容量值作为报废标准(见表 3-2)，那么蓄电池只能在常温条件下使用。

表 3-1　部分库存蓄电池的使用寿命参数

名称	循环寿命/次	充放电方式	初期容量额定值/A·h	超保证期初期容量允许值/A·h	超保证期允许循环寿命/次	超保证期允许最后循环次容量/A·h
起动型铅酸蓄电池	200～700	全充放	60～195	54～176	140～490	48～156
15-(H)P-10	≥80	全充放	10	9	56	8
GN10	≥550	全充放	10	9	385	8
GNY6	≥400	全充放	6	5.4	280	4.8
GNY3	≥400	全充放	3	2.7	280	2.4
GNY1.5	≥400	全充放	1.5	1.4	280	1.2
GNY0.5	≥400	全充放	0.5	0.45	280	0.4
XY8	≥70	全充放	8	7	49	6.4
XY20	≥100	全充放	20	18	70	16

表 3-2　蓄电池低温条件下的容量值

型　号	额定容量 /A·h	循环次数/次	寿命循环条件	低温下容量是额定容量的百分数/%	低温条件 /℃
GNY0.5	0.5	400	浅充浅放	40	-40
GNY1.5	1.5	400	单体浅充浅放不少于 400 次	40	-40
GNY6	6	400	全充放不少于 400 次	40	-40
GNY3	3	400	200 次以上可达额定容量的 80%	45	-40
GN10 GN10 (2)	10	550	循环寿命不少于 550 次，最低容量不应低于额定容量的 90%	85 75 50 20	-10 -20 -30 -40
XY8	8	70	连续 8 个月	50	-20
XY20	20	100	连续 12 个月	50	-20
15-(H)P-10	10	80	3 循环次不低于额定容量的 100%	60	-18±2

二、初期容量检验原则

蓄电池储存一定时间后，应按规定的充放电制度进行 3～5 次充放电循环，当其容量达到额定值或容量的允许值时，才算初期容量合格。只进行一两次充放电循环达不到额定值或容量的允许值，不足以说明初期容量不合格。应特别指出，超期储存或大大超过储存保证期的蓄电池，用常规充电法充不进电，就认为蓄电池坏了或不能用了，这种观点是片面的。这一般是由于电极上的活性物质钝化，电气性能下降，采取常规充电法不能马上激活电极上的活性物质所造成的假象。相关单位在进行快充技术研究和库存蓄电池储存寿命研究试验中发现，对这些电池采用快充技术措施或小于标准制的电流，以及延长充电时间，一般就能够使电池容量恢复到正常状况。

综上所述，无论是新启用还是使用超过工厂规定保证期储存的蓄电池，一定要进行初期容量检验，同时也要注意对充电电流的控制。如果采用标准充电制充不进电，则会很快出现加电后蓄电池两端电压上升到充电终止电压值的现象，这就是充不进电的重要标志。若采用快充充电或用标准制以下的小电流充电，通常到充电后期，采用标准充电电流的一半，且适当延长充电时间，给蓄电池一定的过充电量，便可将初期容量恢复到额定值或容量的允许值，否则应判为储存电池失效。对干态储存的蓄电池做初期容量检验时，应遵循下述原则：

(1) 要按不同储存年限随机抽样，首先检查电池是否漏液。

(2) 碱性蓄电池与酸性蓄电池不能放在同一个操作间充放电。

(3) 各批次蓄电池以随机抽取 5 个单体(或 5 块)为宜。

(4) 所有参试蓄电池样品尽量采用恒流充放电，锂电池采用恒压或其他方法给出的充放电制充放电。

(5) 凡是初期容量检验合格的同批库存产品，可以发给用户使用。如果在 5 个样品中有一个样品初期容量不合格，则加试 5 个样品。若加试后样品还有 1 个不合格，则该批库存产品停止发放。

第四章 装备电池的维护与修理

考虑到在电池的实际使用过程中，各个环节的操作及维护人员对电池相关知识的把握程度不一，本章介绍库存维护及使用过程中的维护知识，同时介绍装备电池的失效机理，便于使用人员掌握科学的方法，确保电池达到既定的指标要求。

第一节 碱性蓄电池的维护与修理

一、镉镍蓄电池的失效模式

电池失效是指电池达不到预定的特性工作水平。

电池失效分为可逆失效和不可逆失效两种。若电池性能不符合规定要求，但通过适当方法能恢复到可用状态，则称之为可逆失效或暂时失效。若电池不能用一般的方法恢复其失效状态，则称之为不可逆失效或永久失效。

可逆失效常表现为电池的记忆效应。电池长期经受特定的工作状态，自动保持这一特定的电性能倾向，称之为记忆效应。镉镍袋式蓄电池不存在记忆效应，镉镍烧结式蓄电池能产生记忆效应。例如，镉镍烧结式蓄电池经过长时间浅充放电循环后再进行深放电时，常表现出明显的容量损失或电压下降等现象。通常经过数次恢复性的全充放电循环后，电池性能得到恢复，记忆效应可以消除。镉镍袋式蓄电池和镉镍烧结式蓄电池，也就是镉镍方形蓄电池，其常见失效模式及排除方法见表 4-1。

表 4-1　镉镍方形蓄电池常见失效模式及排除方法

序号	故障现象	产生原因	排除方法
1	放电态电池电压为 0 V	(1) 电池过放电; (2) 电池无电解液; (3) 电池内部短路	(1) 重新充电检查; (2) 检查电池的电解液液面,调整液面后充电; (3) 报废、更换单体电池
2	容量降低	(1) 充放电制度不正确; (2) 电池内部微短路; (3) 电解液量太少,露出部分极板; (4) 电解液中碳酸盐含量太高; (5) 充电时环境温度太高或太低; (6) 个别单体电池容量低于额定容量的 70%; (7) 未正确使用仪表; (8) 电解液密度不在规定范围内	(1) 改用正确的充放电制度; (2) 更换单体电池; (3) 补加电解液,并调整电解液密度后进行充电; (4) 更换新的电解液; (5) 控制环境温度为 20℃±5℃; (6) 更换单体电池; (7) 检查、校正所用仪表; (8) 调整电解液密度在规定范围内
3	电解液泄漏	(1) 充电时电解液液面太高; (2) 单体电池壳、盖损坏,封口不严; (3) 极柱、气塞处密封不严	(1) 调整电解液液面至规定要求; (2) 更换单体电池; (3) 拧紧螺母,更换密封圈
4	充电开始时单体电池电压异常升高	电池无电解液	加入电解液至规定高度

序号	故 障 现 象	产 生 原 因	排 除 方 法
5	单体电池充电电压低于1.4 V	(1) 电池微短路; (2) 充电时电解液温度过高	(1) 更换单体电池; (2) 降低充电温度
6	蓄电池内部析出泡沫	电解液内部含有有机杂质	更换电解液
7	单体电池外壳膨胀	(1) 气塞孔堵塞; (2) 使用不当造成极板膨胀	(1) 用热水清洗气塞或更换新气塞; (2) 以不影响使用为原则,否则更换新电池
8	电解液消耗过快	严重过充或高温下使用	补加蒸馏水,调整液面,严格执行正确的充电制度,加强通风降温措施
9	金属件锈蚀	工作环境中有酸性气体,空气湿度过大,镀层遭破坏	擦净金属件,并涂抹凡士林,严禁在蓄电池工作区存放酸性物质
10	单体电池及连接件有异常发热现象	极柱螺母松动	拧紧螺母及连接板
11	正常环境中工作电流达不到要求	(1) 个别单体电池短路; (2) 极柱螺母松动	(1) 更换单体电池; (2) 拧紧螺母
12	电解液浓度太低	(1) 电解液的稀释; (2) 碳酸盐的积聚	(1) 注入浓电解液,使电解液符合标准; (2) 消除碳酸盐类,注入新电解液

序号	故 障 现 象	产 生 原 因	排 除 方 法
13	电解液过热	(1) 充电或放电电流太大; (2) 因热传导加热电极端子; (3) 冷却环境条件不好; (4) 极板间短路	(1) 降低充放电电流并检查仪表指示是否损坏; (2) 消除接点污物并旋紧端子螺帽; (3) 加强通风散热措施; (4) 送工厂修理
14	电池组有标准电压输出或输入，但无标准电流输出或输入	(1) 接触不良; (2) 在一个或几个电池中电解液太少	(1) 检查接触不良部位，排除故障; (2) 用电解液或蒸馏水添加至符合标准浓度和高度
15	蓄电池没有在低温下工作，但电解液冻结	(1) 电解液浓度低; (2) 电解液碳酸含量高	(1) 更换冬季使用的电解液，或把电池放到保温袋里; (2) 更换电解液，或把电池放到保温袋里
16	炎热天充电容量降低	(1) 高温下充电; (2) 使用的电解液不合适	(1) 在晚间或清凉地方充电; (2) 更换混合电解液

二、镉镍开口式蓄电池的维护

(一) 干存状态下的维护

(1) 爬碱处理。对于库存镉镍开口式蓄电池，一旦发现爬碱问题，保管人员应及时用干燥洁净的抹布把爬碱清除掉，保持蓄电池表面干净，以免腐蚀损坏电极柱或蓄电池组导线。

(2) 失封处理。新出厂的开口碱性蓄电池必须检查气塞的密封性和气塞套圈的正确性。镀镍的气塞和螺帽应涂一薄层凡士林,但气塞上的软橡皮圈禁止涂凡士林,以免橡皮圈弹性失效。电池的电解槽应涂黑色耐碱漆,严禁涂凡士林,以免破坏漆层。要注意气塞上的橡皮圈,若已损坏,则需更换。

(3) 生锈处理。当发现蓄电池的电极柱或外壳脱漆生锈时,应用干燥洁净的抹布蘸煤油擦净,严禁用金属工具和砂纸去锈,禁止使用酒精等溶剂擦拭,以免壳体开裂。除电极柱外,擦净的地方再涂上耐碱漆。

(二) 使用状态下的维护与修理

1. 维护

镉镍开口式蓄电池在使用状态下不需要繁杂的维护,只要注意保持电池表面的清洁和使用环境温度,同时注入相应的电解液即可。具体方法如下:

(1) 蓄电池应经常保持清洁、干燥,如果气塞周围和极柱周围有白色结晶物,应用纯水擦洗干净,再用干布擦干。电池表面应无油污,金属件上应无锈点。

(2) 蓄电池气塞要保持清洁,以利于蓄电池充、放电过程产生的气体顺利排出,如气塞体有结晶物,则应将气塞拧下,放在热水中浸泡、洗涤,干燥后再拧到电池上。

(3) 应经常检查紧固件与连接件,不能有松动。

(4) 定期检查运行中的蓄电池电压,如有短路或微短路电池,应及时更换。

(5) 不允许用金属工具同时接触正负极接线柱,防止电池短路。

(6) 金属螺母及极柱、跨接板上应涂凡士林,以防腐蚀;清洗时注意防水。

(7) 切忌用酒精清洗塑料壳体电池。

(8) 定期(3个月)检查一次电解液液量,液面应保持在上、下两条液面线之间,如电解液过少,应补加蒸馏水至上液面线。补加后,注意拧紧气塞。

2. 修理

镉镍开口式蓄电池的修理方法如下:

(1) 容量损失及恢复。长期使用的碱性电解液在蓄电池内部聚积过量的碳酸钾或碳酸钠，经常充电不足或用小电流长期放电、短路、漏电及电解液中的杂质是造成蓄电池容量损失的主要原因。容量损失的恢复方法有以下几种：

用蒸馏水或纯水清洗 2 或 3 次蓄电池，注入比重为 $1.17\sim1.18\,g/cm^3$ 的氢氧化钠溶液，静置 2h，给蓄电池实施两次过充电，每次过充电后用标准制放电电流放电，但终止电压不得低于 1 V。然后重复二次充电、放电过程。通过核对放电容量即可判断被恢复的容量。

若蓄电池的容量损失已达额定容量的 60% 以上，用上面的方法就不好恢复，可用下面的方法解决。用热水清洗需要进行容量恢复的蓄电池的外表面，把蒸馏水或纯水注入蓄电池内部，放置一昼夜看其是否渗漏。若无渗漏，再清洗蓄电池内部，然后注入比重为 $1.2\,g/cm^3$ 的氢氧化钠溶液或比重为 $1.22\,g/cm^3$ 的氢氧化钾溶液。用标准充电制充电，并单独测量每个电池的电压值，凡是电压大于 0.2 V 的电池应当继续充电，电压小于 0.2 V 的电池表示短路，应立即停止充电并将其从充电电路中拆除。恢复容量的第一阶段要求是，将被恢复的容量相差不多的蓄电池串联起来，更换电池内的电解液，用标准充电制电流充电 12 h，用 8 h 率电流放电 3 h，如此循环 3 次，用电压表测量所有电池的电压，凡是放电终止电压大于或等于 1 V 的，均可注入混合电解液进行第二阶段恢复。

第一阶段恢复工作完成后，倒出蓄电池内部电解液，用蒸馏水清洗蓄电池内部，注入比重为 $1.21\sim1.22\,g/cm^3$ 的氢氧化钾溶液和每千克含 60 g 的氢氧化锂的混合电解液，或注入比重为 $1.2\sim1.21\,g/cm^3$ 的氢氧化钠溶液和每千克含 30 g 的氢氧化锂的混合电解液。注入混合电解液后，至少静置 6h，以使混合电解液和电极板的活性物质饱合接触。第一次循环用标准电流充电 12 h，用 8 h 放电制放电 4 h。第二次循环用标准电流充电 12 h，用 8 h 放电制放电 8 h。放电时每隔 1 h 测量一次总电压，直到每个蓄电池终止电压为 1 V 时为止。

使用被恢复的蓄电池时，在 3~5 次循环之内，应当用标准充电制充电 12h，其目的是给予过充电。放电时只放其容量的 70%，以后的使用和普通蓄电池的一样，必须定期进行过充电，且每 50～100 次循环，需定期更换电解液。

很多情况下，容量的损失是由于蓄电池充电不足或经常用小电流长期放电，造成蓄电池很少完全充足电，致使电极板上的活性物质没有完全恢复。这种情况下，为了恢复蓄电池的容量，需要过充电，甚至有时需要进行多次过充电使之激活。

因短路和漏液引起的容量损失是可以防止的。蓄电池投入使用前后，需经常清除电池上的灰尘、泥土和盐、碱之类的杂质，清除电池之间因杂质堵塞所引起的短路，整理绝缘器件，更换或清洗被电解液污染的电池箱，即可防止因短路和漏液引起的容量损失。

有害杂质(如硝酸、硫酸、氯酸盐类、硫磺和矽盐等)落入电解液中不仅降低了电池容量，而且破坏了电极板。如果有害杂质作用于电解液中，还可用清洗蓄电池内部和更换电解液的方法使容量得以恢复。如果有害杂质已渗入活性物质内部使极板中毒，或在活性物质中生成局部电池，那么用清洗蓄电池内部和更换电解液的方法是无法恢复容量的，应返厂修理。

(2) 自放电快的处理。污染的电解液、短路和漏液都是自放电快的直接原因，可按上述方法消除并恢复其损失的容量。然而，铜和锡是电解液中最有害的杂质，倘若这些杂质已经侵害电极板，用清洗蓄电池内部和更换电解液的方法恢复电池容量已行不通的，应返厂修理。

(3) 鼓包和极板膨胀的排除。鼓包和极板膨胀很容易造成电池内部短路，严重时可能会胀坏容器。究其原因，是由活门作用的塞子或活栓使用不正确，以及蓄电池充电后过早地密封和极板的过度膨胀引起的。电池壁的鼓包是由内部气体的聚积所致，电极板不正常地膨胀是容器和电池内部短路的直接原因，不过这种情况比较少见。排除鼓包的方法是用锥子小心地把密封塞穿孔放出气体，如果气体排出后仍然鼓包，则用标准制电流放电至 1 V 时倒出电解液，把电池放在两个光滑平面之间，用压榨机或虎钳挤压，直到校正后重新注入电解液，按一般电池进行充电。修理过程中，应戴上防护眼镜，避免电解液溅入眼中。

(4) 气体析出不正常的排除。蓄电池充电时会发生个别电池没有气体析出而有些电池有气体析出的现象，有时还出现没有充电便有大量气体从个别电池内部析出的现象。前一种现象是短路或过早放电所致，后一种现象是由电解液中的有害杂质所致。消除不正常气体析出的故障，可按容量损失的恢复方法实施。

(5) 电压不正常的排除。电压不正常的故障表现为以下 4 种。一是开路电压过低。二是充电时电压高而放电时电压低。三是充放电时电压都太低。四是蓄电池组充电时没有电压指示。前三种是由于电池接触点不良、短路、沉淀物的过量聚积造成的，后一种是由于电池组之间的电池断路或电池组中有的电池内部没有电解液，又或者是连接电极板和电极端子的夹线断掉所致。排除上述故障的办法是：因短路、漏电和沉淀物的过量聚积所造成的故障，可按容量损失的恢复方法实施；因断路造成的故障可通过排除断路接点使之变成通路来解决。

三、镉镍圆柱密封蓄电池的维护与修理

1. 镉镍圆柱密封蓄电池的维护

(1) 使用电池时，必须正确识别正极与负极。蓄电池组一般都有(+)、(−)号的标志，或以正、负引出线的颜色加以区分，一般情况下，红色为正极，黑色或其他颜色为负极。

(2) 电池充电时，并非电压越高越好。大电流充电或长时间充电，电池内部将产生气体，气体剧增，会损坏安全阀。经常使用较大电流充电，会降低电池的寿命。

(3) 任何情况下，都必须严格控制放电时的终止电压，使其不得低于 1 V/只(电池组按平均电压值计)，否则电池内部将产生气体，气体剧增，会损坏安全阀，影响电池正常使用。

(4) 若电池不慎过放，可按循环方法循环后再进行正常充电。电池长期放电态搁置时，允许开路电压低于 1.2 V(电池组按平均电压值计)。

(5) 蓄电池使用时间缩短或开路电压低于 $1 \times n$ V(n 是蓄电池组单体电池数)时，

应按循环方法进行 2 或 3 次循环，即可恢复正常。

(6) 电池过放电后，开路电压可能降为 0 V，应按循环方法进行 2 或 3 次循环，使开路电压或容量恢复，即可正常使用。

(7) 蓄电池组串联使用时，若个别单体电池有故障需要更换，可采用储能式点焊机点焊组合，或锡焊组合，要求必须迅速完成。若时间过长，电池零件可能会受损，从而影响电池性能。

(8) 严防金属同时接触电池两极，尤其是充足电的电池。

(9) 使用过程中，不要损坏单体电池的外包塑料皮，以免电池造成短路。

(10) 若电池长期不用，最好每隔 3 个月对电池进行循环充放电，循环 2 或 3 次即可。

2. 镉镍圆柱密封蓄电池的修理

镉镍圆柱密封蓄电池基本上不存在自行修理的问题。表 4-2 给出了镉镍圆柱密封蓄电池常见失效模式和排除方法。

表 4-2　镉镍圆柱密封蓄电池常见失效模式和排除方法

序号	故障现象	产生原因	排除方法
1	电池电压为 0 V	电池组内部或外部断路	检查断路部位，进行焊接
2	容量降低	(1) 充放电制度不正确；(2) 放置时间过长；(3) 电池内部微短路；(4) 充电时环境温度太高或太低；(5) 个别单体电池容量低于额定容量；(6) 未正确使用仪表	(1) 改用正确的充放电制度；(2) 按表 2-7 的方法进行循环；(3) 更换单体电池；(4) 控制环境温度为 20℃±5℃；(5) 更换单体电池；(6) 检查、校正所用仪表
3	充电时电池发热	(1) 充电电流过大；(2) 充电时间过长	(1) 检查充电器是否正常；(2) 停止充电

四、氢镍电池的维护与修理

氢镍电池没有镉镍蓄电池那样的记忆效应。氢镍电池常见失效模式和排除方法可以参见镉镍圆柱密封蓄电池常见失效模式和排除方法。

氢镍圆柱密封电池与镉镍圆柱密封蓄电池有良好的互换性,其维护方法与镉镍圆柱密封蓄电池的基本相同。

第二节　铅酸蓄电池的维护与修理

一、铅酸蓄电池的失效模式

极板种类、制造条件和使用方式的不同,导致蓄电池失效的原因也各异。归纳起来,铅酸蓄电池的失效主要表现为失水、硫酸盐化(硫化)、正极板软化、板栅腐蚀、热失控、短路、断路等,其中短路、断路一般是在电池制造过程中引起的。我们常说的电池修复主要是针对失水、硫化、极板轻微软化、部分热失控电池而言的。

(一) 电池的正极板软化

电池的正极板是由板栅和活性物质组成的,其中活性物质的有效成分是氧化铅。放电时氧化铅转换为硫酸铅,充电时硫酸铅转换为氧化铅。氧化铅是由 α 氧化铅和 β 氧化铅组成的,其中 α 氧化铅主要起支撑作用,β 氧化铅主要起荷电作用。为了减少 α 氧化铅参与放电,一般控制放电深度为40%,电池放电深度越深,α 氧化铅损失也越多。电池反复充放电循环过程中,随着极板上下不同物质的交替变换,极板的微孔率逐渐下降。在外观表现上,正极板的表面由开始的坚实逐渐变得松软,直到变成糊状,活性物质容易脱落形成"黑水",这就是所谓的正极板软化。正极板一旦出现软化,起到支撑作用的多孔结构也被破坏,降低了参与电化学反应的面积,导致电池容量很快下降,直至电池报废。电池经常大电流充放电、过放电都会加剧极板软化。

(二) 电池的负极板硫化

电池放电时，正、负极板上都产生硫酸铅。正极由于氧化作用，硫酸铅极易在充电时转化成二氧化铅。负极在长期亏电储存、经常过放电、长期充电不足(充电电压较低)或不及时充电等情况下，会逐渐在其表面聚积形成一层致密坚硬的白色硫酸铅层，不仅使本身溶解度大幅度下降，难以参加反应，而且堵塞了电解液和深层活性物质的接触通道，导致电池容量下降。由于采用普通的充电方式是无法恢复的，因此称之为"不可逆硫酸盐化"，简称硫化。

冬季环境温度比较低时，电池浮充电压应该相应提高，否则电池长期欠充，易产生电池硫化现象。

失水的电池相当于电解液的硫酸浓度变大，这也形成了加速电池硫化的条件。

电池一旦出现硫化，单靠浮充和均充是无法解决的，必须采取其他措施。目前消除密封电池硫化的方法有化学法和小电流脉冲充电去硫化法。化学法虽然会较快地消除负极硫化，但其副作用是增加了电池自放电而形成新的失效模式。

(三) 失 水

当充电电压达到单体电池电压 2.35 V(25℃)时，正极板就会进入大量析氧状态。虽然对于密封电池来说，负极板具备了氧复合能力，但如果充电电流过大，负极板的氧复合反应跟不上析氧的速度，气体就会顶开排气阀而形成失水。如果充电电压达到 2.42 V(25℃)，电池的负极板会析氢，但氢气不能够被正极板吸收，只会增加电池气室的气压，最后则排出气室而形成失水。水在电池电化学体系中起到了非常重要的作用，水量的减少会降低参与反应的离子活度，导致电池内阻上升，加剧极化。因此，定期补水对电池来说是非常重要的。

(四) 热 失 控

当充电电压达到单体电池电压 2.35 V(25℃)时，超过了正极板大量析氧的电压值,特别在高温环境中,大量析氧使电压下降,导致析氧量大幅度增加。而正极板产生的氧气在负极板被吸收,吸收氧气是明显的放热反应,使电池的温度升高。同时氧复合反应也要产生电流,增加的电流充电器不能转换,使电池一直保持在高压阶段,如果电池已经出现过量失水,那么玻璃纤维隔板的无酸孔隙将大大增加,从而加速了负极板氧气的吸收,产生的热量更多,致使电解液温度上升,内阻下降而进一步使电流不降反升,最终电流的增大使电池热量快速上升,产生大量气体,电池进入了失控状态而形成恶性循环——热失控。热失控状态下,析氧量增加,电池内气压增加,当温度达到电池塑料外壳的玻璃点温度时,电池开始鼓胀变形,这种变形除了影响电池内部的机械结构外,还会造成电池漏气,进而导致更加严重的失水漏酸。尽管电池失控现象发生不多,但是一旦发生热失控,电池的寿命会迅速提前结束,所以使用时应对充电电压过高、电池发热的现象予以重视。

(五) 电池的不均衡

电池的制造工艺必然存在微小差距,经过若干次充放电循环后,电池的容量、端电压、内阻等也会出现不同程度的差异,在电池组中总会存在以上几个方面相对较差的电池,称之为"落后电池"。

失水的电池相当于电池的硫酸比重上升,进而导致电池开路电压增加,也使该单体电池的充电电压相对于其他电池电压高,而在串联电池组中的其他电池分配的电压就会下降,造成其他电池的欠充电。欠充电的电池内阻增加,在放电的时候电池电压会更低,充电电压跟不上,导致电池电压高的更高,低的更低。电池正极板软化的差异随着充电的进行而被扩大。

当电池正极板发生软化时,脱落的活性物质会堵塞一部分微孔,正极板上单位面积的电流密度会增加,从而导致充放电活性物质的膨胀收缩更加严重,正极板软化被加速,因此容量落后的电池更加落后。

电池的负极板发生硫化,放电的电流密度也会增加,相当于增加了放电深度,硫酸铅结晶会比较集中在放电部位,形成较大的硫酸铅结晶。硫酸铅结晶体积越大,其吸附能力也相对越大，硫化也更加严重。因此，电池容量的下降会形成恶性循环。

对于电池组的不平衡，目前有两种解决方式。一是定期对单体电池进行充电和放电，即充电结束后采用 0.05C 再充电 2～4 h。二是定期对整组电池进行均衡充电。

(六) 板栅腐蚀

电池骨架板栅由合金制作而成，虽然有很强的抗腐蚀能力，但长期浸泡在酸性电解液中，依然会使其发生金属腐蚀，甚至会产生板栅裂隙或者断裂。

(七) 短路

正、负极板本来应该由隔板隔开，但如果有焊渣或枝晶穿透，则正、负极相连，形成短路。严重的短路可使单体电池电压为零，如果导致正、负极板相连的物质本身电阻较大，比如枝晶，则不会立刻使单体电池电压变为零，而是发生较快的自放电，也称软短路或不存电。

(八) 断路

断路一般发生在汇流排焊接以及极柱焊接和端子焊接阶段，通常不是完全短路，而是虚焊，在虚焊处会产生很大的内阻，导致电池容量下降。电池有可能一开始各方面都正常，在使用一段时间后发生虚焊现象，这通常是由于焊接不好而存在裂隙。使用一段时间后，在裂隙处产生尖端腐蚀，致使裂隙以较快的速度加大。

二、开口铅酸蓄电池的维护与修理

(一) 干存状态的维护与修理

使用人员要经常检查注液孔密封塞是否松动或损坏，若有松动，应及时拧紧，有损坏，应及时更换，以防潮湿气体进入蓄电池内部。

搬运蓄电池时，切不可在地上拖拉蓄电池，以防蓄电池被损坏。

蓄电池极柱、螺丝在长期储存中容易积存污物，也因长期储存极柱和螺丝易受潮而氧化生锈。一旦发现这种情况，要用干净抹布蘸煤油擦干净，然后在螺丝处涂一薄层凡士林。

　　由于运输或搬运振动而造成塑料外壳或盖子出现裂纹时，应及时进行修补。试验证明，用树脂胶泥修补外壳及盖子的效果很好，树脂胶泥配方见表4-3。还可用生漆修补硬橡胶壳或盖，其修补方法是在裂纹处用生漆刷2或3次，然后贴上一层麻布，再刷一层生漆，待晾干后便可使用。

表 4-3　树脂胶泥配方

修　理　外　壳　用		修　理　盖　子　用	
名　　称	重量比例/%	名　　称	重量比例/%
环氧树脂	56.1	环氧树脂	56.2
乙二胺	5.6	乙二胺	5.6
炭　黑	1.9	炭　黑	8.42
胶木粉	36.4	胶木粉	11.24
		外壳粉末	18.54

　　铅酸蓄电池的电解槽一般由硬橡胶压制而成，其质地硬而脆，在运输过程中极易受振动或意外撞击而破裂，可用检查气密的方法，即用有压力的空气或抽真空的方法检验裂缝是否存在。电解槽裂缝一般多在上口或上下近四角的地方，可用环氧树脂及其他黏结剂修补。

　　（二）湿存状态的维护与修理

　　运载车所用铅酸蓄电池在仓库中湿态储存，干存状态的维护方法同样适用于湿存状态下的维护。但毕竟是两种截然不同的储存方法，湿态储存铅酸蓄电池的日常维护有其不同点。

　　1. 一般性维护与修理

　　(1) 湿态储存的铅酸蓄电池必须按照规定要求进行维护性充电。维护性充电后，旋紧注液孔密封塞，再用干净抹布蘸碳酸钠溶液擦去电池外壳、盖子和连接条上的酸液及灰尘，以保持电池洁净。

(2) 蓄电池的极柱、夹头和铁质提手等零件表面应经常保持有一层薄凡士林油膜，如有氧化物，则必须擦除干净再涂上凡士林。当进行维护性充放电时，接线头和电极柱应保持紧密接触，以防断路。在有接头的地方，均应保证接触良好，以免产生火花使电池爆炸。

(3) 蓄电池中的电解液液面应高于防护板 10～20 mm，每隔 10～15 天进行一次检查。如果仓库内温度较高，可每隔 5～6 天检查一次液面高度，当液面低落时可加入纯水或蒸馏水，切记不要加硫酸。若在操作过程中不小心将电解液泼出使液面降低了，则必须加进和电池中一样比重的电解液，切勿加入比重过高的电解液。

(4) 对已使用过和未使用过的湿态储存电池，以及不同规格的蓄电池，不能进行维护性混合充放电，一定要分别进行。

2. 湿态储存铅酸蓄电池的一般故障与排除

1) 极板硫化

极板硫化现象表现在蓄电池正常放电时，比其他电池的容量显著降低，电解液比重下降且长期低于正常值。在充电过程中，温度升高，冒气过早，电压很快达到 2.9 V 左右；在放电过程中，电压很快降到 1.8 V 左右。从极板颜色和状态上看也不正常，正极板为浅褐色，有时极板表面有白色斑点，负极板为灰白色，用手指摸极板表面时感觉到有粗大颗粒的硫酸铅结晶。处理蓄电池极板硫化一般有以下三种方法。

(1) 过充电法：适用于极板硫化不是很严重的蓄电池。在电解槽中加入纯水或蒸馏水，使电解液的高度超过极板 20 mm 左右，用 10 h 率电流充电。当电压上升至 2.5 V 时停充 0.5 h，再用 10 h 率电流值的 1/2 电流充电，充到有大量气泡产生时停充 0.5 h，然后用 10 h 率电流值的 1/4 小电流继续充数昼夜，直到电压、比重等指标稳定为止。

(2) 反复充放法：适用于极板硫化较严重、容量损失近一半的蓄电池。在电解槽中加入纯水或蒸馏水，使电解液的高度超过极板 30 mm 左右，用 2 h 率电流充电，充到有大量气泡产生时停充 0.5 h，然后用 20 h 率电流充电，充到电压、比重等稳定为止。加电后电解液就沸腾，10 分钟左右电压便升到上次充电的终止值，否则重复以上步骤。充电后用 50 h 率电流放电，放到电压为 1.8 V 时静置 1～2 h，再用 20 h 率电流充电，充好后放电。如容量提高不多，则再重复以上步骤，直到容量用 10 h 率电流放电时已能接近额定容量为止。

(3) 水疗法：适用于硫化严重、容量损失超过一半的蓄电池。将电池用 10 h 率电流放电，当单体电池电压大部分降到 1.8 V 时停止，然后倒出电解液，并立即注入纯水，静置 1～2 h 后，用 20 h 率电流充电，当电解液比重升到 1.1～1.12 g/cm^3 时，将充电电流减小到 50 h 率充电。当比重不再上升且有气泡均匀冒出时停充，然后用 50 h 率电流放电 2 h，再改用 100 h 率电流充电。当有大量气泡产生时，改为 50 h 率电流充电，直到有大量气泡均匀产生后停充，再用 50 h 率电流放电。这样反复若干次，需要数周或一个月，再换入比重 1.2 g/cm^3 的电解液进行初充电，使蓄电池容量用 10 h 率电流放电，达到额定容量的 75% 以上时为止。

采用上述方法处理时，除了注意比重及电压外，还应留意温度。如果温度超过 40℃，则应减小电流；如果温度仍不下降，则停充，等降到 35℃ 以下时再进行充电。极板已消除硫化现象的标志是不论经过何种方法处理后的蓄电池，投入浮充或全充放制运行时，电压、比重和极板上下发生气泡的程度，均应与其他正常电池的一致。

2) 极板弯曲和断裂

当蓄电池的极板弯曲或断裂时，极易造成短路，一般这种故障在现场无法处理，应及时做好返厂检修工作。

3) 蓄电池内部极板短路

蓄电池内部极板短路会造成蓄电池的报废。蓄电池内部极板短路可通过以下方法检视。

当蓄电池内部极板短路时，电解液比重比其他电池低，开路电压也低。放电时短路电池的容量小、电压下降快，与其他正常电池串联放电时，极板将发生深硫化现象，这从电池的极板颜色极易观察出来，即正极板从褐色变为棕黄色，负极板从浅灰色变为灰色。同时在充电时不冒气泡或出现气泡很晚、比重和电压基本不变、电解液温度比一般高也是蓄电池内部极板短路的表现。

蓄电池极板短路故障可从外部直接观察，如电池槽内亮度不够，可用手电筒仔细观察电池槽内部，检查有无导电物落入、极板生毛或脱落的极板涂膏块以及腐烂的铅块等造成正、负极板间接触。一旦发现，可在极板间插入薄竹条或胶木条并缓慢移动，来清除极板间的杂质和短路物。对于铅衬木槽的蓄电池，短路故障不易看出，一般在充电过程中，根据端电压、比重、温度、气泡等不正常现象，能够发现某个单体电池的短路故障。还可用温度计在每片正、负极板之间逐个测量，如发现某两片正、负极板之间的温度稍高，一般就是短路位置。此外，也可采用指南针寻找短路的方法，即在不小于 10 h 率充放电时，若指南针突然发生指向改变，则说明该处附近有短路(这是因为在短路处电流方向发生了逆转)。产生短路的原因是极板弯曲相碰，因此必须在相碰处加插一块隔离板。如弯曲严重，则应取出电极板，并用同面积木板压平。如隔离板已坏，则需要更换隔离板。当极板脱落且有较多沉淀物已碰到极板时，必须舀出沉淀物。当因铅弹簧位移碰到极板及铅衬造成短路时，应立即纠正弹簧位置。

4) 反极故障的检视

在不断开负载的情况下，对蓄电池组中的每个单体电池进行逐个电压测量，就能判断出反极故障的电池。但若将放电电路断开或单独拆出反极电池来测量，有时会发现它的极性是正常的，只是电动势很低。这是因为反极电池放完电后就如同一个电阻串联在电路中，这时测量的电压极性将取决于通过电阻上的电流方向。当发现反极故障后，应立即拆除反极电池进行单独的过充电，严重的要进行反复充放电，直到反极电池容量恢复正常后再装入蓄电池组中使用。在蓄电池组中如有几个单体电池发生反极故障，应同时取出，串接后按以上方法同时检修。该故障检修较复杂，可考虑返厂检修。

5) 活性物质过量脱落的检修

用户一般不具备这种故障的检修条件，可返厂修理。

3. 湿态储存铅酸蓄电池拆拼法更换电极

1) 拆修前的技术检查

对于正常进行维护性充电的湿态储存电池，拆修前应以 10 h 率放电到终止电压值。放电过程中，分别测量单体电池的电压、比重、温度，根据记录的数据，判断每个单体电池的状态，以确定是否将蓄电池分解。

2) 分解和拆拼步骤

(1) 倒出蓄电池内部的电解液，将电池表面用抹布蘸苏打水或碱溶液擦拭干净。若为电池组，应先拆开连接条。若为车用蓄电池，可旋开电极柱螺母。

(2) 清除封口剂。用开水浇洒封口剂表面，或用焊枪、喷灯加热使其软化，然后用起子或小刀将封口剂铲除，铲除的沥青封口剂用清水洗去硫酸后还可重复使用。

(3) 根据检查结果，如果不需要更换极板，只是修理容器裂缝，则可用锯条锯断连接条，取出极板，排除故障后重新将极板插回容器槽内。然后用铅锑合金焊接锯缝，锉光表面即可。

(4) 若需更换极板，则用钻头将极柱上部钻去，剩下完整的连接条便可容易取下。

(5) 将"丁"字形铁钩插入注液孔内，用铁钩勾住胶盖往外拉，抽出电极板。然后用同一批次、同一型号、同一批维护性充电的电池拆拼更换，或均换成新电极板。将更换的电极板放到容器槽内，重新用铅锑合金焊好连接条，锉光表面，再用封口剂密封。

湿态储存铅酸蓄电池的一般故障及处理方法见表4-4。

表4-4　湿态储存铅酸蓄电池的一般故障及处理方法

现象	故 障 特 征	可能的原因	处 理 方 法
极板硫化	(1) 电池容量低； (2) 电解液浓度下降且低于正常值； (3) 开始充电及充电完毕时电压过高(2.8～3 V)； (4) 放电时电压下降速度太快(用低放电率时)； (5) 充电时过早产生气泡或一开始充电就产生气泡； (6) 充电电解液温度上升超过45℃； (7) 硫酸铅结晶粗大，在一般情况下不能复原成二氧化铅或绒状铅	(1) 初充电不足或初充电中断； (2) 已放电或半放电状态的电池放置时间过久； (3) 长期充电不足； (4) 经常过量放电； (5) 所用电解液浓度超过规定数值或随意加入硫酸； (6) 电池槽内的电解液液面低落，使极板上部硫化； (7) 未按时充电； (8) 放电电流过大或过小； (9) 放电后未及时进行充电； (10) 电解液不纯； (11) 内部短路，局部作用或电池表面不清洁造成漏电	(1) 全充全放，使活性物质复原； (2) 用处理硫化方法消除硫化； (3) 放电勿超过规定限值； (4) 电解液浓度勿超过规定数值； (5) 补充电解液使其液面高于极板顶部； (6) 更换极板
内部短路	(1) 充电时电压始终保持低位(有时降到零)； (2) 充电末期冒气较少或气泡产生太晚； (3) 充电时电解液温度太高，上升很快； (4) 充电时电解液浓度不上升或几乎无变化； (5) 放电时电压很快降到终止电压值； (6) 开路电压很低	(1) 极板上活性物质膨胀或脱落，同时隔离物损坏； (2) 极板弯曲，隔离物损坏； (3) 电解液浓度太高，使隔离物损坏； (4) 沉淀物太多； (5) 其他导电物落入电池内或两极之间	(1) 更换极板； (2) 将极板取出设法压平； (3) 更换新隔板； (4) 清除沉淀物； (5) 去除落入电池内、两极之间的导电物件

现象	故 障 特 征	可能的原因	处 理 方 法
电解液混浊	(1) 充电时各个电池电压很低，但在整个充电过程中电压都均匀上升； (2) 充电时各个电池电压很低，很快产生气泡； (3) 电解液颜色及气味不正常并发现混浊且有沉淀； (4) 自放电情况严重； (5) 充足电后在放置时间内电压降落很快； (6) 容量减少； (7) 产生局部作用	(1) 电解液不纯； (2) 极板活性物质脱落； (3) 充放电电流过大； (4) 充放电时电解液温度过高	(1) 彻底冲洗内部，并更换新电解液； (2) 注意掌握充放电电流及温度
极板活性物质脱落	(1) 电解液内发现沉淀，充电时有褐色物质自底部上升，电解液混浊； (2) 电池容量减少	(1) 电池使用期限已满； (2) 极板质量不好； (3) 电解液质量不好； (4) 充放电过于频繁或过充过放； (5) 充电时电解液经常过热； (6) 放电时外电路发生短路	(1) 沉淀物少量者可以清除后继续使用； (2) 沉淀物过多时，必须更换新极板
部分电池不平衡或极性接错	个别电池与其他电池的极性接错，则个别电池在全组电池内促使全组总电压降低	(1) 未及时发现有故障电池而引起其容量较其他电池容量严重减少； (2) 充电时极性接错； (3) 为了得到较低电压，仅使用了一组中的几个电池	(1) 及时纠正并给予单独充电，使全组电池平衡； (2) 取出故障电池，加以修理； (3) 改进使用方法

续表二

现象	故 障 特 征	可 能 的 原 因	处 理 方 法
局部发热	连接条焊接处过度发热	焊接处接触部分损坏或脱离及松动	重新焊接
封口破裂	(1) 气密性差； (2) 电解液由封口处溢出	(1) 封口剂配方不当； (2) 电池在过冷过热情况下使用； (3) 运输储存不当，将电池倒置或撞击	(1) 用烧热金属烙铁或用火焰烫封口剂的裂纹； (2) 用废电池上的封口剂来熔化封补

三、阀控式密封铅酸蓄电池的维护与修理

1. 阀控式密封铅酸蓄电池安装时应注意的问题

阀控式密封铅酸蓄电池通常是充电带液状态出厂，在搬运、安装过程中必须特别小心，只能用吊带，不能用纲丝绳等，以防电池短路。装卸组合电池时，应使用绝缘工具。

电池开箱后应检查壳体有无损伤，封口处及端子处有无漏液现象。搬运及安装电池时，不得扭动电池端子，以免端子与胶层裂开。

按需要放置好蓄电池，注意不要接错或接反极。串联或并联上连接导体，上紧螺栓、垫圈、螺母等，在电池端子与连接件连接处均匀涂上凡士林。电池连接处脏污或松动的连接将造成接触不良而使电池发热，因此安装时应用砂布等将电池端子及连接导体连接面擦净，露出金属光泽，并将连接处拧紧。蓄电池及其连接导体上不得放置任何金属器件，以防蓄电池短路。

蓄电池在与充电器或负载相连接时，电路开关应位于"断开"(OFF)位置，同时蓄电池的正极与充电器或负载的正极，蓄电池的负极与充电器或负载的负极连接。安装完毕后，在与用电系统接通前，应再次检查电池系统的总电压和正、负极性，以保证安装正确。不能把不同容量、不同性能、不同厂家、不同状态的蓄电池

连接在一起使用。

2. 阀控式密封铅酸蓄电池的使用维护注意事项

表 4-5 列出了阀控式密封铅酸蓄电池日常维护需注意的情况。

蓄电池日常使用注意事项如下：

(1) 蓄电池是密封电池，严禁不扣安全阀敞口使用，严禁损坏或更改安全阀结构(丢弃密封圈、打孔、堵塞)，否则蓄电池将不能正常工作。

(2) 蓄电池在工作中放电后，应立即对其进行充电。若不充电且放置时间过长，会造成容量损失，甚至电池容量无法恢复的问题。

(3) 工作中的蓄电池严禁过放电。蓄电池每单体放电电压不得低于 1.6 V。

表 4-5　阀控式密封铅酸蓄电池日常维护需注意的情况

检查项目	检查方法	标准值	异常情况处理	检查频次
整组电池的浮充电压	用万用表检测电池电压	单体电池浮充电压×电池总数	把电压调整到标准值或更换电池	每月
循环使用时的开路电压	同上	单体电池开路电压 2.10 V	开路电压偏离标准值时，应及时均衡充电	每月
外　　观	检查电池是否损坏，壳、盖间有无泄露，表面是否有灰尘等杂物	—	(1) 如果有泄露，则查找原因； (2) 壳、盖有裂纹时，应更换； (3) 有灰尘时，用湿布擦净	每半年
	检查电池架、连接线、端子是否有锈蚀	—	清理电池，然后做防锈处理	每半年
连接线	检查连接是否松动	15 N·m	将松动的连接线及时拧紧到标准值	每一年

(4) 运行中的蓄电池应经常检查其充电设备，不能使电池长期处于过充或欠充状态，否则会导致蓄电池寿命缩短、容量下降。

(5) 避免过充电。过度过充电会产生热量使蓄电池温度升高、失水，在恒压充电时会使充电电流进一步增大，形成恶性循环，导致蓄电池热失控，使蓄电池壳体塑料软化、鼓胀变形、漏气，从而使蓄电池性能恶化、失效，直至寿命终止。充电过程中，当蓄电池温度显著上升(通常是过充电的特征)或达到、超过 45℃时，应停止充电。

(6) 均衡充电。蓄电池组状态不均衡，对蓄电池组的整体使用效果及寿命有很大影响，出现这种情况时，需对电池进行均衡充电。均衡充电方法是设定恒压 2.4 V/单体、最大充电电流 $0.1C_{10}$ A，当充电电流连续 3 h 不再下降时充电结束，一般充电时间为 16～24 h。如具备条件，最好恒压充电，当充电电流降到小于 $0.05C_{10}$ A时，再转为 $0.03C_{10}$ A 恒流充电，充到全部电池电压连续 3 h 不再上升时为止。

(7) 定期检查。

① 检查蓄电池外观是否有变形、鼓胀现象，外观有裂纹的单只蓄电池应更换。调换电池时，应使电池处于充足电的均衡状态。严禁状态不同的蓄电池直接搭配在一起使用。

② 定期检查连接导体是否牢固，松动的连接导体必须及时拧紧。

③ 对浮充使用的电池，为及时了解电池运行状态，应定期测量检查蓄电池的浮充电压。当每单体电池电压与全组平均电压差大于 ±50 mV/单体时，认为电池浮充电压异常。浮充电压异常时首先应该检查电池间是否有较大温差，应避免个别电池暴露在有较大温差的环境下。在排除蓄电池存在较大温差的情况后，对蓄电池进行均衡充电，使蓄电池状态均衡。

④ 定期深放电活化。对于长期浅放电使用的情况(半年内没有进行过放电量超过额定容量 30%放电的)，最好大约每半年对蓄电池进行一次放电深度较深的放电，对充满电的电池可用 $0.1C_{10}$ A 电流放电约 6 h，然后以恒压 2.40 V/单体、最大充电

电流 $0.1C_{10}$ A 充电，当充电电流连续 3 h 不再下降时充电结束。如具备条件，最好恒压充电，当充电电流降到小于 $0.05C_{10}$ A 时，再转为 $0.03C_{10}$ A 电流恒流充电，充到全部电池电压连续 3 h 不再上升时为止。

⑤ 清洗电池外表时可用肥皂水，不能使用有机溶剂。不能使用二氧化碳灭火器灭电池火灾，可用四氯化碳之类的灭火器。

⑥ 电池在正常条件下，不存在硫酸烧伤的危险。但如果电池壳体破损，硫酸溅到皮肤上或眼睛里，应立即用大量的清水冲洗并就医治疗。

3. 阀控式密封铅酸蓄电池常见故障分析及处理方法

阀控式密封铅酸蓄电池常见故障分析及处理方法见表 4-6。

表 4-6　阀控式密封铅酸蓄电池常见故障分析及处理方法

现象	故障特征	可能的原因	处理方法
电池壳鼓胀、变形、裂纹	(1) 蓄电池壳变形；(2) 电池壳中间部位凸出；(3) 电池壳有裂纹	(1) 充电电压过高；(2) 温度长时间高于规定值；(3) 过充、放电或串联电池中有电池反极；(4) 搬运时碰撞	(1) 调整充电电压；(2) 更换内阻大的电池；(3) 更换有裂纹的电池
蓄电池表面有酸液	(1) 蓄电池表面有白色结晶；(2) 连接排被腐蚀	出厂时蓄电池表面和极柱内有残留酸液	(1) 擦掉极柱内残留酸液和白色结晶；(2) 更换被腐蚀的连接排
蓄电池整组亏电	蓄电池电压低	(1) 充电系统故障或浮充电压较低；(2) 电池长时间搁置	(1) 调整充电机输出电压至规定值；(2) 及时对蓄电池进行补充充电

续表

现象	故障特征	可能的原因	处理方法
蓄电池容量不能恢复	(1) 容量判断不合格; (2) 蓄电池温度很快升高	(1) 蓄电池极板硫酸盐化; (2) 蓄电池内部短路; (3) 蓄电池早期容量损失	(1) 请专业人员进行容量恢复; (2) 更换蓄电池
蓄电池失水	蓄电池重量减轻	(1) 温度长时间过高; (2) 蓄电池过充电	在专业人员指导下补加去离子水

第三节 锂电池的维护

锂一次电池修理价值不大,这里主要针对锂离子电池的一些常见问题进行介绍。

锂离子电池没有记忆效应,每次充电前不需强制放电,也不必刻意使锂离子电池每一次都是在放电完全后再充电。但是,锂离子电池的安全性较差,为了发挥锂离子电池比容量高、寿命长的特点,在使用中需要注意以下问题:

1. 锂离子电池的激活

锂离子电池在出厂时已经经过活化处理,并充了50%的电量,电极已充分浸润电解液,活性物质也得到充分活化。但实际使用时,可能离出厂已有较长的时间,还需要进行如下激活过程:拆开后即可进行第一次使用,等放电彻底后再充满使用,第二次也要放电彻底后再充满电,如此连续三次循环,电池才能达到最佳使用状态。

2. 锂离子电池的充放电

锂离子电池对充电的温度、电流和电压都有要求，因此，锂离子电池必须使用专用的充电器。锂离子电池专用充电器的充电方式为先恒流后恒压(CC/CV)，单节电池充电电压上限为 4.2 V，充电电压超限会损坏电池，甚至爆炸。因此，与锂离子电池配套的充电器具有充放电的控制电路，当充电完成时，电路会自动切断，以保护锂离子电池。锂离子电池过放电会导致负极的铜集流体溶解和沉积，充电时产生铜枝晶，从而引发安全问题，因此锂离子电池的放电电压不能低于 2.5 V。

3. 使用环境

锂离子电池在高温下的容量衰减较常温的快，高温条件下若电池的放热速度大于散热速度，会引起电解液的阳极氧化以及电解液、阳极活性物质、阴极活性物质、黏结剂的热力学分解等问题。而低温条件下，锂离子的沉积速度有可能大于嵌入速度，这会导致金属锂沉积在电极表面，容易产生枝晶，从而引发安全问题。目前锂离子电池的使用温度为-20℃～60℃。室温(20℃～30℃)为电池最适宜的工作温度，温度过高或过低的操作环境将降低电池的使用时间。

锂离子电池不能在60℃以上的高温环境下放置，也不能接近火源，更不能随意拆卸。因为在高温下使用或放置电池可能会引起电池过热、起火或功能失效。对于遇水湿的锂离子电池，可用干布擦干，放于通风处自行干燥或用 40℃左右的热风吹干。

对于电动车辆、通信器材等使用的锂离子电池，由于使用环境复杂、单体电池的容量较高、电池组中的单体电池工作环境相差较大等，还要注意以下问题：强震动下，锂离子电池的极耳、接线柱、外部的连线、焊点等可能会折断、脱落，而电池极板上的活性物质也可能剥落，从而引发电池(组)的内部短路、外部短路、过充过放、控制电路失效等问题。环境湿度较大，特别是在酸性、碱性环境中或由于电池本身的缺陷，很容易出现电池(组)外部短路问题。在高功率、大电流充放电条件下，可能导致电池及其控制电路的极耳熔化、导线及电子元器件的损坏。某些极端情况下会发生外部短路、碰撞、针刺、挤压等偶然事件。另外，禁止在强静电和强磁场的地方使用锂离子电池，否则易破坏电池安全保护装置。

4. 电池的一致性

用锂离子电池组成电池组工作时，对电池的一致性要求很高，并需要特殊的电路，否则会发生某些电池的过充或过放。

5. 定时深充放

长期不用电池时，建议每三个月对电池进行一次完全充放电循环，再将电池充电约 3.8 V/只时储存起来。正常使用的电池，每隔一段时间可以进行一次保护电路控制下的深充放电，以修正电池的电量。

第五章　电池的发展

　　随着装备的发展，与之配套的铅酸、镉镍、锌银、氢镍和锂离子电池得到了广泛应用，这对确保装备战技指标和性能发挥起到了重要作用。随着战场军用电源系统要求的不断提升，一些新型电池将在装备上发挥重要作用，本章主要对这些新型电池进行简要介绍。

第一节　燃料电池

一、燃料电池的特点与分类

　　燃料电池是一种将持续供给的燃料和氧化剂中的化学能连续不断地转换成电能的电化学发电装置。它在原理和结构上与一般意义上的电池完全不同。燃料电池有以下四个特点：

　　(1) 高效。燃料电池按电化学原理等温地直接将化学能转换为电能。理论上它的能量转换效率可达 85%～90%。但实际上，电池在工作时由于各种极化的限制，目前各类电池实际的能量转换效率均在 40%～60% 范围内。如实现热电联供，燃料的总利用率可达 80% 以上。

　　(2) 环保。当燃料电池以富氢气体为燃料时，由于燃料电池具有较高的能量转换效率，其二氧化碳排放量比热机过程减少 40% 以上，且燃料电池的燃料气体在反应前必须脱除硫及其化合物，再加上燃料电池是按电化学原理发电的，不经过热机的燃烧过程，所以它几乎不排放氮氧化物和硫氧化物，减轻了大气污染。当燃料电池以纯氢为燃料时，它的化学反应产物仅为水，从根本上消除了氮氧化物、硫氧化物及二氧化碳等的排放。

(3) 安静。燃料电池本身按电化学原理工作，辅助系统的运动部件很少，因此其工作时安静，噪声很低。

(4) 可靠性高。碱性燃料电池和磷酸燃料电池的运行均证明燃料电池的运行高度可靠，可作为各种应急电源和不间断电源使用。

燃料电池的分类有多种方法，可按工作温度高低、燃料种类分类，也可按电池的工作方式分类。最常用的方法是按电池所采用的电解质分成五类，即碱性燃料电池、磷酸燃料电池、质子交换膜燃料电池、熔融碳酸盐燃料电池和固体氧化物燃料电池。

二、燃料电池的发展趋势

燃料电池能量转换效率高、环境良好，被认为是 21 世纪首选的洁净、高效的发电装置之一。其发展趋势有以下三个方面。

1. 新型关键材料开发

无论是何种类型的燃料电池，催化剂的性能对燃料电池的性能和使用寿命有着极其重要的影响。目前主要有三个发展方向：一是沿用传统的贵金属活性组分，通过提高催化剂颗粒分散度、增加比表面，与其他金属复合成合金等方法提高其质量比活性、减少催化剂使用量；二是开发新型铂(Pt)系催化剂，力图使燃料电池摆脱铂(Pt)等贵金属储量小、价格高的制约；三是研究具有选择性的催化剂，如钴和铁等用于直接甲醇燃料电池(DMFC)阴极代替 Pt/C 催化剂，从而可以选择性地还原氧气，而不氧化阳极渗透过来的甲醇。

2. 新结构设计

燃料电池的结构设计对电池堆(组)的性能有着重要影响，特别对采用质子交换膜燃料电池(PEMFC)和直接甲醇燃料电池(DMFC)而言，根据应用目标开发结构不同的电池堆，同时适应使用环境(如冷起动、无外增湿等)、提高比特性也成为了今后电池开发的趋势。

3. 自动化、规模化制造技术

目前，燃料电池的制造基本上采用手工或者半自动方式进行。随着燃料电池技术的进一步成熟，控制电池材料和部件的性能稳定性与一致性日益重要，研发燃料电池的自动化、规模化制造技术将进一步提高产品质量和降低制造成本。

第二节　氧化还原液流储能电池

氧化还原液流储能电池又称为液流储能电池，是 20 世纪 70 年代美国科学家提出的一种电化学储能概念，20 世纪 80 年代，在国际上掀起了研究开发热潮。由 V^{2+}/V^{3+} 电对和 V^{4+}/V^{5+} 电对组成的氧化还原钒电池首先由澳大利亚新南威尔士大学的 Marria Kazacos 在 1985 年提出，后来在研究中发现 V^{5+} 可稳定地存在于硫酸溶液中，这一发现成为该电池实用化的基础。21 世纪初期，该电池进入商业化示范阶段。

液流储能电池系统由电池组分系统、电解质溶液、电解质溶液储供分系统、控制分系统、充放电分系统等组成。液流储能电池系统的核心是电池组分系统。电池组由数个乃至数十个电池模块按特点要求串、并联而成，液流储能电池模块在结构上与质子交换膜燃料电池模块有许多相似之处。人们研究了不同离子对组成的液流储能电池体系，最具产业化前景的是正、负极电解液都为钒离子的全钒液流储能电池系统。

由于液流储能电池需要辅助的电解质储槽、管道与泵等，因此特别适合大容量电池设计，并适合作储能电源。该类电池的性能表征一般为在特定输出功率设计下，体系可输出的总能量输出(指一次装满活性物质可发电的能量)、体系的充放电转换效率(包括电流、电压和总效率)和循环寿命等。目前，该电池体系的电流效率已达到93.5%，电压效率已达到87.7%，总效率为82%；电池堆的电流密度为100 mA/cm^{2}时，可以输出 1.2 kW/cm^2 的比功率。与其他电池相比，全钒液流储能电池有以下特点：

(1) 液流储能电池的输出功率取决于电池堆的大小，储能容量取决于电解液储量和浓度，因此它的设计非常灵活。当输出功率一定时，要增加储能容量，只要增大电解液储罐容积或提高电解质浓度即可。

(2) 液流储能电池的能量转换效率高，可达 75%～85%。

(3) 液流储能电池的活性物质存在于液体中，电解质金属离子只有钒离子一种，故充放电时无其他电池常有的物相变化，电池使用寿命长。

(4) 液流储能电池的充、放电性能好，可深度放电而不损坏电池，自放电低。在系统处于关闭模式时，储罐中的电解液无自放电现象。

(5) 液流储能电池选址自由度大，系统可全自动封闭运行，无污染，维护简单，操作成本低。

(6) 电池系统无潜在的爆炸或着火危险，安全性高。

(7) 电池部件多为廉价的碳材料、工程塑料，材料来源丰富，易于回收，不需要贵金属作催化剂，成本较低。

(8) 起动速度快。如果电池堆里充满电解液，可在 2 min 内起动。

全钒液流储能电池满足电源调峰系统、风能发电系统以及不间断电源或应急电源系统等的储能要求。

全钒液流储能电池具有储存能量大、能量转换效率高、无自放电、起动速度快、安全可靠等特点，在国防军工等领域有广阔的应用前景。例如，可为指挥部门的雷达观测站、边防哨所、边境无人观测站、边防海岛等提供稳定的电力供应。

第三节　热　电　池

热电池也是化学电源家族中的一员。与人们熟知的一般水溶性电解质化学电源不同的是，热电池中的电解质是二元或多元熔融盐共熔体，在常温下不导电，所以电池处于非工作状态。只有当电池处于特定工作条件时，电解质熔融，电池才进入工作状态，并输出电能。因此，人们将热电池定义为：用电池本身的加热系统把不导电的固体状态盐类电解质加热熔融呈离子型导体而进入工作状态的一种热激活储备电池。从学科角度来讲，热电池是熔融盐电化学体系电源的总称。

由于热电池具有其他电池没有的特性和优点，因此它成为了装备最理想的配套电源之一，并已应用于核武器、引信、救生、导弹、电子对抗、战斗机应急电源以及水下兵器动力电源等领域。

由于熔融盐电解质的电导率约为水溶液电解质的 11 倍，因此热电池能大功率放电，脉冲电流密度达几十 A/cm²，稳态放电的工作电流密度也能达到 A/cm² 量级。由于热电池的负极为原子量很小、化学活性高、电极电势很低的碱金属或碱土金属材料，因而电池在高电流输出条件下可以显示很高的比功率。与锌银电池等用水溶液电解质的储备电池相比，热电池能在各种严酷的环境条件下稳定工作，例如环境温度从 −54℃ 到 85℃，特别是在低温环境下工作时不需要外加热设备。由于电池内部采用的框架式结构设计十分紧固，因此电池工作时能承受超过 4000 g/4 ms 的冲击和 18 000 r/s 的高旋转等比较苛刻的机械条件。对于需要脉冲工作的热电池来说，其功率密度可高达 8000 W/kg。热电池的优点还有储存期内免维护，并可储存 15 年以上；一旦使用，可以实现快速激活(0.1~1 s 或数 s)，这也是许多常规的水溶液电解质储备电池所不能达到的。

由于负极材料遇水会发生强烈的放热反应和电解质材料极易吸潮等，因此电池制造环境要求较高，环境相对湿度应低于 5%，电池产品必须采用全密封结构。正是在这种严格工艺控制与全密封结构保证下，电池在储存期间内部不会发生任何化学或电化学反应，具有了长储存寿命的特性。

　　热电池已经应用了多个电化学体系，包括钙阳极系列、镁阳极系列和锂或锂合金阳极系列。目前，生产使用的有 $Ca/PbSO_4$、$Ca/CaCrO_4$、Mg/V_2O_5、$LiAl/FeS_2$、$LiSi/FeS_2$ 等热电池体系。由于对锂合金和金属锂以及新型正极材料的进一步研究，热电池材料技术发展水平与性能都能不断得到提升。典型热电池的常用电化学体系及其相应的特征比较见表 5-1。

表 5-1　热电池的常用电化学体系及其相应的特征比较

电化学体系负极/电解质/正极	工作电压/V	固 有 特 性
$Ca/LiCl\text{-}KCl/K_2Cr_2O_7$	2.8～3.3	激活时间非常快；工作寿命短；适合于脉冲工作
$Ca/LiCl\text{-}KCl/WO_3$	2.4～2.6	工作寿命中短；电噪声低；用于物理环境条件不严苛的情况
$Ca/LiCl\text{-}KCl/CaCrO_4$	2.2～2.6	工作寿命中短；用于严苛的力学环境条件
$Mg/LiCl\text{-}KCl/V_2O_5$	2.2～2.7	工作寿命中短；用于物理环境条件严苛的情况
$Ca/LiCl\text{-}KCl/PbSO_4$	2～2.7	快速激活；工作寿命短
$Ca/KBr\text{-}LiBr/K_2CrO_4$	2～2.5	工作寿命短；用于高电压、小电流输出的情况
Li(合金)/$LiF\text{-}LiCl\text{-}LiBr/FeS_2$	1.6～2.1	工作寿命中短；能大电流放电；用于物理环境条件严苛的情况
Li(金属)/$LiCl\text{-}KCl/FeS_2$	1.6～2.2	工作寿命长；能大电流放电；用于物理环境条件严苛的情况
Li(合金)/$LiF\text{-}KBr\text{-}LiBr/CoS_2$	1.6～2.1	工作寿命长(超过 1 h)；能大电流放电；用于物理环境条件严苛的情况

根据使用功能的不同，热电池可分为快速激活型热电池(如激活时间在 0.25 s 以内的救生电池)，短工作寿命、高功率型热电池(如导弹用热电池)，中长工作寿命、高比特性型热电池(如水下动力电源)，高电压型(≥200 V)、高过载型热电池(如炮弹用热电池)等。

第四节　水激活电池

水激活电池是指使用时用淡水或海水激活的电池，其具有良好的低温性能。水激活电池广泛应用于鱼雷推进、声呐浮标、探空气球、海空救生装置、海底电缆增音机和航标灯、应急灯、电动车辆等领域，形成了独特的电池系列。

1. 水激活电池的特点

水激活电池在储存时，某一关键组分或与其他组分隔离，或短缺，或处于惰性状态，在要求电池激活放电时，才将这一组分注入或混入，并活化于电池工作区。因此，水激活电池有以下主要特点：

(1) 储存寿命长。电池内无电解质溶液存在，不受自放电影响。

(2) 低温性能好。电池一旦激活，即有大量副反应产生热量，使电池本体温度远高于环境温度而不受其制约。

(3) 比能量、比功率相对较高。电池工作于非密封状态，与外界有物质传递。

2. 水激活电池分类

水激活电池是一类以海水为电解质溶液、或以水为溶剂、或水同时起正极活性物质和溶剂作用的电池。仅在使用电池时才注入海水或淡水。从海水或淡水作用角度看，水激活电池可以分为以下三类。

(1) 以海水为电解质溶液的电池，如镁氯化银电池、镁氯化亚铜电池、镁氯化铅电池、镁二氧化铅电池、镁碘化亚铜电池、镁硫化氰酸亚铜电池和中性电解质溶液铝空气电池等。

(2) 以海水或淡水为溶剂的电池，如铝氧化银电池、锂氧化银电池等。

(3) 以海水或淡水为正常活性物质和溶剂的电池，如锂水电池、钠水电池、铝水电池等。

另外，根据不同的进液和电解质溶液流动方式，水激活电池大致可划分为浸没型、浸润型、自流型(即电解质溶液被动循环体系)和控流型(即电解质溶液主动循环体系)四种基本类型。

第五节　电化学电容器

电化学电容器一般称为超级电容器，它是利用电极/电解质交界面上的双电层或在电极界面上发生快速、可逆的氧化还原反应来储存能量的一类新型储能和能量转换器件或装置。与一般电容器相比，它能显著地提高比能量(可达 10 W·h/kg，甚至更高)。与蓄电池相比，虽然其比能量较低，但能以超大电流脉冲放电，输出更高的比功率。普通电容器、超级电容器和蓄电池的特性比较见表 5-2。

表 5-2　普通电容器、超级电容器和蓄电池的特性比较

项　目	普通电容器	超级电容器	蓄电池
额定放电时间/s	$10^{-6} \sim 10^{-3}$	$1 \sim 30$	$1.08 \times 10^2 \sim 1.08 \times 10^3$
额定充电时间/s	$10^{-6} \sim 10^{-3}$	$1 \sim 30$	$3.6 \times 10^3 \sim 1.8 \times 10^4$
比能量/(W·h/kg)	<0.1	$1 \sim 10$	$20 \sim 180$
功率密度/(W/kg)	$>10\,000$	$1000 \sim 2000$	$50 \sim 300$
充放电效率	>0.9	$0.9 \sim 0.95$	$0.7 \sim 0.85$
循环寿命/次	几乎无限	$>100\,000$	$500 \sim 2000$

由于超级电容器在充放电过程中只有离子和电荷的传递，没有电池中化学反应引起的相变等影响，几乎没有衰减容量，因此超级电容器具有优异的循环寿命(可达 10^5 次)、大于 5 年以上的使用时间、充电速度快(1～30 s)、安全性能好和工作温度范围宽(-40℃～70℃)等优点。超级电容器的出现，填补了普通电解电容器和蓄电池间的空档。

按照工作原理的不同，电化学电容器可分为双电层电容器、赝电容器和混合型电容器。

按照所采用的电极材料类型的不同，电化学电容器可分为碳材料电化学电容器、金属氧化物电化学电容器、导电聚合物电化学电容器和混合材料体系电化学电容器。

按照所采用的电解质的不同，电化学电容器可分为有机电解质电化学电容器和水溶液电解质电化学电容器。

超级电容器已经进入边研究与开发、边商业应用阶段。其中大量小型超级电容器已经广泛应用于各种电机和电器的辅助或备用电源中。而大型超级电容器则已成功地应用在工厂叉车动力电源和 UPS 电源中。特别是近年来开发出了采用天然气发动机和超级电容器作为混合动力的混合电动公共汽车。

参 考 文 献

[1]   朱松然. 蓄电池手册. 天津：天津大学出版社，1997.

[2]   郭炳坤，李新海，杨松青. 化学电源：电池原理及制造技术. 长沙：中南大学出版社，2003.

[3]   汪继强. 化学与物理电源. 北京：国防工业出版社，2008.

[4]   王力臻. 化学电源设计. 北京：化学工业出版社，2008.

[5]   文国光. 化学电源工艺学. 北京：电子工业出版社，1993.

[6]   唐有根，李文良. 氢镍电池. 北京：化学工业出版社，2007.

[7]   黄可龙，王兆明，刘素琴. 锂离子电池原理与关键技术. 北京：化学工业出版社，2007.

[8]   杨军，解晶莹，王久林. 化学电源测试原理与技术. 北京：化学工业出版社，2006.

[9]   林登，雷迪 T B. 电池手册. 北京：化学工业出版社，2007.

[10] 程新群. 化学电源. 北京：化学工业出版社，2008.

[11] 汪继强. 化学与物理电源. 北京：国防工业出版社，2008.

[12] 史鹏飞. 化学电源工艺学. 哈尔滨：哈尔滨工业大学出版社，2006.

[13] 刘广林. 铅酸蓄电池工艺学概论. 北京：机械工业出版社，2008.

[14] 刘广林. 铅酸蓄电池技术手册. 北京：宇航出版社，1990.

[15] 中国工业经济联合会学术部. 电池技术标准应用手册. 北京：中国物质出版社，2005.

[16] 查全性. 化学电源选论. 武汉：武汉大学出版社，2005.

[17] 宋文顺. 化学电源工艺学. 北京：中国轻工业出版社，1998.

[18] 徐国宪，章国权. 新型化学电源. 北京：国防工业出版社，1984.

[19] 哈尔滨工业大学电化学教研室. 化学电源工艺学. 哈尔滨：哈尔滨工业大学出版社，1980.

[20] 电子元器件专业培训教材编写组. 化学电源. 北京：电子工业出版社，1986.

[21] 陈军. 氢镍二次电池. 北京：化学工业出版社，2006.

[22]　王金良. 再谈碱性锌锰电池的无汞化. 电池工业，2000(3)：99-104.

[23]　吴宇平. 锂离子电池：应用与实践. 北京：化学工业出版社，2004.

[24]　高颖，邬冰. 电化学基础. 北京：化学工业出版社，2004.

[25]　扬辉，卢文庆. 应用电化学. 北京：科学出版社，2001.

[26]　安平，其鲁. 锂离子二次电池的应用和发展. 北京大学学报(自然科学版)，2006，42：1-7.